Ahmed Mahmoud Abd El Tawab

Utilização de alimentos não convencionais em dietas para animais em lactação

Ahmed Mahmoud Abd El Tawab

Utilização de alimentos não convencionais em dietas para animais em lactação

Utilização de conteúdos ruminais secos em dietas para cabras em lactação

ScienciaScripts

Imprint

Cover image: www.ingimage.com

This book is a translation from the original published under ISBN 978-620-2-30395-8.

Publisher:
Sciencia Scripts
is a trademark of
Dodo Books Indian Ocean Ltd. and OmniScriptum S.R.L publishing group

120 High Road, East Finchley, London, N2 9ED, United Kingdom
Str. Armeneasca 28/1, office 1, Chisinau MD-2012, Republic of Moldova, Europe
Managing Directors: Ieva Konstantinova, Victoria Ursu
info@omniscriptum.com

Printed at: see last page
ISBN: 978-620-8-59025-3

RESUMO

Este estudo foi realizado para investigar os efeitos da alimentação de cabras em lactação com rações que contêm conteúdo ruminal seco ao sol (SDRC). Quatro cabras Baladi em lactação, com cerca de 2-3 anos de idade e 23,74 kg de peso vivo, foram utilizadas neste estudo durante 16 semanas (112 dias), consistindo em quatro períodos iguais (28 dias cada). Os animais foram divididos aleatoriamente em quatro grupos, utilizando desenhos de quadrados latinos 4×4, e alimentados *ad lib.* com as seguintes rações. A primeira ração (controlo) consistia em 50% de mistura de alimentos concentrados (CFM) e 50% de feno de trevo como fonte de forragem. A segunda ração (R1) consistia em 50% de CFM + 37,5% de feno de trevo + 12,5% de SDRC. A terceira ração (R2) consistia em 50% CFM + 25% de feno de trevo + 25% SDRC e a quarta ração (R3) em 50% CFM + 12,5% de feno de trevo + 37,5% SDRC. E determinar o efeito da inclusão de SDRC nas rações sobre o consumo de ração, o coeficiente de digestão, os valores nutritivos, os parâmetros ruminais e sanguíneos e a produção e composição do leite

As digestibilidades dos nutrientes mostraram que a R1 tinha digestibilidades mais elevadas de MS, OM, CF e EE em comparação com o controlo e as outras rações (R2 e R3). Além disso, a R1 e o controlo apresentaram a mesma tendência de valores elevados de TDN em comparação com a R2 e a R3. Não se registaram diferenças significativas (P>0,05) entre os grupos para o DCP. A ingestão de matéria seca (DMI) diminuiu gradualmente com a adição de SDRC nas rações de cabras em lactação. O fluido ruminal dos animais alimentados com rações com SDRC tinha valores significativamente mais baixos (P<0,05) de azoto amoniacal (NH3-N), ácidos gordos voláteis totais (TVFA' s), azoto proteico total (TN), azoto proteico verdadeiro (true-PN) e azoto não proteico (NPN) em comparação com o controlo. Por outro lado, o pH ruminal aumentou ligeiramente nas rações que continham SDRC em comparação com o controlo. O soro sanguíneo dos animais alimentados com R1, R2 e R3 apresentou valores mais baixos de proteínas totais, albumina, globulina e glucose em comparação com o controlo. O valor elevado da relação A/G foi registado no R1 em comparação com os outros grupos. Não foram registadas diferenças significativas (P>0,05) na ureia sérica, no colesterol sérico e na creatinina sérica sanguínea entre todas as rações. Não se registaram diferenças significativas (P<0,05) entre R2, R3 e o controlo na AST sérica do sangue, exceto em R1, que apresentou o valor mais elevado de AST. No entanto, os valores de AST e ALT estavam dentro dos limites normais. O aumento do nível de SDRC nas rações diminuiu a produção de leite, a FCM 4% e o teor de lactose, mas aumentou a percentagem de sólidos totais do leite em comparação com o controlo. Não houve diferença significativa (p>0,05) entre os grupos no conteúdo de SNF%. Não houve diferença significativa (P>0,05) na percentagem de gordura entre R1, R3 e o controlo, enquanto que esta aumentou significativamente (p<0,05) com R2 em comparação com os outros grupos. A percentagem de proteínas do leite diminuiu significativamente (P<0,05) em R2 e R3, mas aumentou significativamente (P<0,05) em R1 em comparação com o controlo.

Pode concluir-se que a utilização de 25 a 75 % de SDRC na ração das cabras em lactação, como substituto parcial do leite, pode melhorar a eficiência económica sem efeitos adversos significativos na saúde animal.

Palavras-chave: Conteúdo ruminal seco ao sol, digestibilidade, cabras em lactação, parâmetros ruminais e do soro sanguíneo.

RECONHECIMENTO

Agradeço a **Alá,** o mais gracioso, o mais benéfico e o mais misericordioso, pela ajuda e orientação para alcançar os objectivos e tornar possível.

Gostaria de manifestar o meu sincero apreço e profunda gratidão ao **Dr. Mohamed Ahmed Hanafy**, Professor de Nutrição Animal, Departamento de Produção Animal, Faculdade de Agricultura, Universidade do Cairo, por ter sugerido o problema, pelo apoio contínuo da supervisão, pela orientação e pela constância ao longo da realização deste trabalho.

Os meus profundos agradecimentos ao **Dr. Ali Mohamed Ali Mostafa**, Professor Assistente de Nutrição Animal, Departamento de Produção Animal, Faculdade de Agricultura, Universidade do Cairo, pela sua ajuda contínua e por sugerir o problema técnico durante o trabalho experimental da investigação.

Agradecemos também ao **Dr. Abd El-Kader Mahmoud Kholif,** Professor Investigador de Produção de Lacticínios, Departamento de Ciência dos Lacticínios, Centro Nacional de Investigação, pelos seus conselhos e instruções valiosas ao longo do estudo, fornecendo todas as instalações necessárias para o trabalho experimental, ajuda contínua e encorajamento.

Registo os meus agradecimentos ao **Dr. Mohamed Mahmoud Ali Abdo,** Investigador de Produção Leiteira, Departamento de Ciência Leiteira, Centro Nacional de Investigação, pela sua ajuda e apoio.

Agradecemos também aos membros do pessoal do Departamento de Produção Animal **da** Faculdade de Agricultura da Universidade do Cairo e do Departamento de Ciência dos Lacticínios, Laboratório de Investigação do Centro Nacional de Investigação.

Além disso, sinto-me realmente em dívida para com a minha família, especialmente para com o meu pai, a minha mãe, a minha mulher, a minha filha e os meus irmãos e irmãs, pelo encorajamento e pela devoção sincera que sempre me deram.

ÍNDICE

Capítulo 1

INTRODUÇÃO

Recentemente, o sector da produção animal no Egito enfrenta um grave problema devido ao incrível aumento dos custos dos alimentos para animais e à diferença entre as necessidades dos animais e os alimentos disponíveis. Foi estimada uma carência de 4,79 milhões de toneladas de TDN por ano (El- Ashry, 2007). Os subprodutos podem desempenhar um papel importante na minimização deste défice. Por conseguinte, é importante encontrar fontes não convencionais de alimentos para rações de ruminantes. O conteúdo ruminal é um subproduto de baixo custo que provém dos matadouros como resíduo e contém quantidades consideráveis de nutrientes e, após alguns tratamentos pouco dispendiosos, pode ser utilizado na alimentação dos animais. A quantidade estimada de conteúdo ruminal produzida no Egito é de cerca de 38407,3 toneladas/ano (Agriculture Economic and Statistics Institute, 2007).

Os subprodutos podem ser utilizados de várias formas, incluindo fontes de nutrientes para as plantas, ingredientes para a alimentação dos animais de criação, substrato para a produção de metano e substrato para a síntese microbiana e proteica. Os resíduos têm o valor mais económico para utilização como alimento para animais. A utilização de subprodutos pode não só ser utilizada para resolver problemas de escassez de alimentos para animais, mas também para evitar a poluição ambiental. A incorporação de subprodutos em rações para animais em geral ou após a melhoria do seu valor nutritivo através de tratamentos mecânicos, químicos ou biológicos pode também reduzir o custo e aumentar o lucro.

O conteúdo do rúmen tem um grande potencial para ser utilizado como ingrediente de alimentos para ruminantes, uma vez que contém alimentos parcialmente digeridos, flora ruminal (bactérias, protozoários, fungos, actinomicetos), saliva, água, enzimas bacterianas, ácidos gordos voláteis e muitos outros metabolitos (Tizzoni, 1964; Hungate, 1966; Whittemore e Moffat, 1976). Estes resíduos são considerados uma fonte de poluição muito grande e a não utilização destes materiais aumenta a disponibilidade para azedar através de material microbiológico ativo, que facilmente fermentado expele muitos odores e gases desagradáveis (Church, 1971). Além disso, é considerado um bom meio para o crescimento e a reprodução de moscas, encoraja a multiplicação de roedores e insectos . Foram efectuados muitos estudos sobre a utilização destes resíduos como alimento não convencional para ruminantes (Khattab *et al.*, 1996; Singer, 2002; Khattab *et al.*, 2006). Um dos obstáculos encontrados na utilização destes materiais como alimentos para ruminantes é o seu elevado teor de humidade, que os torna fáceis de estragar rapidamente e difíceis de conservar durante muito tempo. Por isso, foram feitos muitos esforços para encontrar o método adequado de preservação destes resíduos. A transformação do conteúdo do rúmen através da secagem completa ao sol e posterior armazenamento para utilização como alimento ou a secagem parcial ao sol e posterior utilização na produção de silagem são boas abordagens para resolver este problema.

O principal objetivo deste estudo foi determinar o efeito da utilização de conteúdos ruminais secos ao sol (SDRC) nas rações de cabras Baladi em lactação sobre a produção e composição do leite, o coeficiente de digestibilidade e os valores nutricionais.

Capítulo 2

REVISÃO DA LITERATURA

Em todo o mundo, têm sido efectuados muitos estudos para avaliar os subprodutos agrícolas, os subprodutos agro-industriais e os resíduos de matadouros (conteúdo ruminal) como alimentos não convencionais para ruminantes. Estes tópicos têm recebido uma atenção considerável devido ao facto de estes resíduos causarem uma poluição ambiental. E, ao mesmo tempo, há uma escassez de alimentos para a alimentação animal, pelo que os nutricionistas utilizaram estes resíduos para a alimentação animal após alguns métodos de preparação por secagem ou ensilagem (Khattab *et al.* 1996 e 2006).

Existem muitas razões para alimentar os animais com estes subprodutos. A principal razão é aumentar a rendibilidade através da utilização de dietas menos dispendiosas ou aumentar a eficiência dos ingredientes alimentares existentes. Os ruminantes podem desempenhar um papel importante no consumo de grandes quantidades destes subprodutos.

Os factores limitantes para a utilização destes subprodutos na alimentação animal podem ser resumidos da seguinte forma: baixo teor de proteínas, elevado teor de fibra bruta, baixa disponibilidade de energia, minerais e vitaminas, presença de alguns factores anti-nutricionais, baixa digestibilidade e, entretanto, má qualidade.

1. Identificação dos resíduos do conteúdo ruminal

É bem conhecido que os resíduos do conteúdo ruminal obtidos do rúmen dos animais após o abate podem tornar-se um recurso alimentar viável. Devem ser secos imediatamente ou ensilados, mas a ensilagem tem de ser misturada com uma fonte de hidratos de carbono facilmente fermentável para ser bem ensilada. Os conteúdos ruminais de diferentes tipos de animais (búfalos, bovinos, ovinos e caprinos) variam drasticamente na sua composição. O conteúdo ruminal pode servir como uma boa fonte de vitaminas solúveis em água, especialmente vitamina B12, proteína bruta e energia dietética para herbívoros. El-Deek *et al.* (1975) descobriram que o conteúdo ruminal representava de 11,2 a 11,3% do peso corporal vivo. Mann (1984) verificou que se obtêm pelo menos 30 kg de conteúdo ruminal de um bovino, mesmo que não tenha sido alimentado durante 24 horas antes do abate.

No Egito, a quantidade de conteúdo ruminal aumentou gradualmente com o passar do tempo. As quantidades totais de conteúdo ruminal entre 1980 e 1989 variaram de 26168,9 a 29420,1 toneladas de conteúdo ruminal fresco, contendo 131,9 a 148,3 toneladas de proteína bruta digestível, respetivamente (El-Tahan, 1991).

O Instituto de Economia e Estatística da Agricultura, 2007, indicou que a quantidade estimada de conteúdo ruminal produzido no Egito é de cerca de 38407,3 toneladas/ano durante o ano de 2006 (vacas: 20125.7; Búfalos: 14092.5; Ovelhas: 1314.1; Camelos: 2807.2; Cabras: 67,8 Ton/ano).

2. Segurança do conteúdo ruminal como alimento para ruminantes

Existe um grande número de microrganismos (*Salmonella,* bactérias, parasitas, *Escherichia coli* e vírus etc.) encontrados no conteúdo do rúmen, o que causa muitos riscos para o gado. Laukova (1995) verificou a presença de um grande número de *estreptococos lancefield D* e *de Pseudomonas* no conteúdo do rúmen, tendo sido identificado um pequeno número de *lactobacilos* no conteúdo do rúmen. Por outro lado, Bender *et al.* (1997) mostraram que *a Salmonella* foi recuperada de forma intermitente do conteúdo ruminal. E de espécimes de necropsia do conteúdo ruminal.

Will *et al.* (1973), e Fontenot e Webb (1975) mostraram que os microrganismos no conteúdo do rúmen eram completamente destruídos dentro de 6-17 dias na temperatura de verão entre 16 e 23°c e dentro de 24-47 dias na temperatura de inverno entre 5 e 11°c. Shebata *et al.* (1983) descobriram que os conteúdos ruminais secos durante 24 horas a 20°c podiam ser usados parcialmente para substituir um peso igual de milho nas dietas. A radiação ultravioleta mata os microrganismos ao causar danos irreversíveis ao seu ADN, resultando em modificações químicas e mutações letais (Burnett e Schuster, 1973). Enquanto Meyer *et al.* (1984) relataram que os conteúdos do rúmen estavam contaminados com *Salmonella*, mas quando os conteúdos do rúmen foram preservados com 2,1% de ureia e armazenados pelo menos durante 4 semanas em silos herméticos, não se registou *a ocorrência de Salmonella* em 33 amostras testadas. *A S. typhimurium* adicionada foi destruída após armazenamento durante 21 dias e o vírus do herpes bovino adicionado foi inactivado. No entanto, existem dez estirpes *de Salmonella* cultivadas em 43 amostras de rúmen. Quando os níveis de acidez destas amostras eram elevados e o pH baixo, a maioria das *Salmonella sp.* foi inibida quando o pH subiu para 7-8 (Mattila *et al.*, 1988). Além disso, McCaskey *et al.*, (1996) misturaram conteúdos ruminais (75%) com milho (15%) e feno de alfafa, cascas de sementes de algodão, cascas de amendoim ou cama de aves antes da ensilagem. Todas as misturas, exceto o conteúdo ruminal isolado, tinham um cheiro típico de boa silagem a partir do 10° dia. Todas as amostras eliminaram as contagens de *coliformes* totais e fecais no prazo de 5 dias e reduziram significativamente as contagens de leveduras e bolores a partir do 5° dia. *A Escherichia coli* e *a Salmonella typhimurium* inoculadas experimentalmente desapareceram da maioria das amostras no dia 5. Enquanto *a Listeria monocytogenes* sobreviveu 10 dias.

3. Composição química do conteúdo ruminal

A composição química do conteúdo do rúmen apresenta grandes variações, dependendo de muitos factores, tais como: idade do animal, espécie de animal, dieta original, tipo de água potável e estação do ano. Muitos estudos concluíram que a composição química do conteúdo ruminal era afetada principalmente pelos alimentos e pela estação do ano Patel e Allen (1952), Hungate (1966), Harrop (1973) e Werner e Bergen (1979). Moon e Varley (1942) referiram que os conteúdos ruminais de animais alimentados com erva continham 15% de proteínas brutas, 3% de extrato etéreo, 23% de fibra bruta, 41% de NFE e 17% de cinzas, com base na matéria seca,

Tizzoni (1964) verificou que os conteúdos ruminais secos continham 90,24% de MS, 4,90% de EE, 13,26% de PC, 9,68% de cinzas, 20,38% de CF e 42,02% de NFE. Por outro lado, a análise por cromatografia em papel mostrou que a fração de proteínas solúveis continha os aminoácidos leucina, valina, treonina e lisina, enquanto a fração de proteínas insolúveis continha os aminoácidos leucina, fenilalanina, triptofano, treonina, arginina e lisina. Além disso, existiam oito aminoácidos não essenciais em cada fração.

El-Deek *et al.* (1975) descobriram que cada 15 kg de conteúdo fresco do rúmen após secagem a 50°C dava 1 kg de material seco ao ar que continha 8,7% de humidade, 28,8% de proteína bruta, 7,3% de extrato etéreo, 6,8% de fibra bruta, 25,9% de cinzas, 2,5% de cálcio e 31,0% de extrato livre de azoto.

Krutyporokh *et al.* (1977) indicaram que o conteúdo do rúmen seco continha 400-600 mg/kg de vitamina B_{12}, 13% de PC, 2,96% de EE, 29,28% de CF, 41,26% de NFE e 13,5% de cinzas, 0,72-0,77% de Ca, 1,01-1,24% de P e 0,0019% de caroteno.

El Ansary *et al.* (1983) verificaram que os conteúdos ruminais secos ao sol tinham 10,12% de PC, 4,25% de EE, 31,95% de CF, 30,91% de NFE e 14,04% de cinzas. Enquanto isso, Shebata *et al.* (1983) relataram que a composição química do conteúdo do rúmen seco era de 91,71% de MS, 25,92% de PC, 3,33% de EE, 18,86% de cinzas, 6,78% de celulose, 14,71% de himicelulose, 7,31% de lignina, 23,09% de NFE, 1,48% de Ca, 1,45% de P, 1,25% de K, 3.71% de Na, 0,20% de Mg, 0,0911% de Zn, 0,0015% de Cu, 0,0099% de Mn, 0,085% de Fe, 1,53% de alanina, 0,94% de arginina, 2,23% de ácido aspártico, 0,42% de cistina, 2,96% de glutâmico, 1,19% de glicina, 0,46% de histidina, e o valor da energia metabolizável verdadeira foi de 2470 k cal/kg.

Mori *et al.* (1989) relataram que a composição química do conteúdo ruminal de bezerros abatidos tinha 13,18% de MS, 16,34% de PC, 2,56% de EE, 30,32% de CF, 12,43% de cinzas e 38,35% de NFE. Além disso, Ristic e Kormanjos (1989) descobriram que a composição química do conteúdo ruminal de bovinos abatidos continha 19,73% de PC, 23,13% de CF, 12,09% de EE, 10,81% de cinzas e 25,53% de NFE.

Shaban (1991) referiu que a composição química dos conteúdos ruminais secos era de 9,31% de humidade, 12,07% de PC, 3,87% de EE, 30,25% de CF, 31,37% de NFE, 13,13% de cinzas, 0,43% de Ca e 0,24% de P com base na matéria seca. Patra e Ghosh (1991) observaram que o conteúdo fresco do rúmen continha 15,60% de MS,

15,40% de PC, 0,70% de EE, 37,50% de CF, 33,87% de NFE, 12,53% de cinzas, 0,43% de Ca e 0,24% de P (com base na MS).

Wafa (1991) verificou que a composição química dos conteúdos ruminais era de 10,4% de PC, 35,1% de CF, 3,5% de EE e 16,3% de cinzas. Gupta *et al.* (1992) verificaram que a composição química do conteúdo do rúmen de bovinos era de 12% de PC, 74,1% de NDF 50,2% de ADF, 26,8% de celulose e 13,5% de sílica. Abou El-wafa (1993) verificou que o conteúdo ruminal continha 9,89% de PC, 30,30% de CF, 1,40% de EE, 17,29% de cinzas e 41,12% de NFE.

Mardi (1994) indicou que a composição química do conteúdo do rúmen de cabras e ovelhas era de 87,80% de MS, 18,00% de PC, 26,80% de CF, 8,20% de EE, 13,40% de cinzas e 33,60% de NFE.

El-Tahan (1996) mostrou que a composição química do conteúdo ruminal era de 81,49% de MS, 10,2% de PC, 36,84% de CF, 3,27% de EE, 18,51% de cinzas e 31,18% de NFE. Além disso, Khattab *et al.* (1996) relataram que a composição química do conteúdo ruminal seco ao sol era de 88,8% de MS, 11,71% de PC, 39,6% de CF, 1,82% de EE, 32,27% de NFE e 14,6% de cinzas.

Singer (2002) indicou que a composição química do conteúdo ruminal seco ao sol era de 90,50% de MS, 83,70% de MO, 16,8% de PC, 33,01% de CF, 2,80% de EE, 16,30% de cinzas, 31,09% de NFE. Enquanto que a análise química do conteúdo ruminal parcialmente seco ao sol como silagem (PSDRCS) foi de 46,60% DM, 85,00% OM, 19,00% CP, 30,05% CF, 2,88% EE, 15,00% Ash e 33,07% NFE.

Odunsi (2003) verificou que a composição proximal da mistura de sangue bovino e digesta ruminal (BBRDM), com base na matéria seca, era de 94,0% de MS, 46,1% de PC, 2,13% de EE, 6,38% de CF, 23,4% de cinzas e 16,0% de NFE.

Khattab *et al.* (2006) verificaram que a composição química do conteúdo do rúmen seco ao sol era de 87,40% de MS, 84,67% de MO, 16,80% de PC, 3,26% de EE, 35,42% de CF, 29,19% de NFE e 15,33% de cinzas. Enquanto Esonu *et al.* (2006) recolheram digesta ruminal seca ao sol durante 3-4 dias e depois moeram-na num moinho de martelos para produzir farinha de digesta ruminal seca finamente moída (DRD). A composição química da DRD era de 18,20% de humidade, 15,30% de CF, 18,52% de PC, 7,60% de cinzas, 8,79% de EE e 38,39% de NFE (com base na matéria seca).

Recentemente, Adeniji (2008) recolheu imediatamente o conteúdo do rúmen na altura do abate e depois o conteúdo do rúmen foi deixado num recipiente para se decompor durante cinco dias. No quinto dia, o conteúdo ruminal foi cozido num tambor durante 2,30 horas. O conteúdo ruminal fervido foi espalhado para secar até que o teor de humidade fosse inferior a 10% e depois foi moído e analisado. A composição química era de 9% de PC, 16,20% de CF, 4,25% de EE, 16% de cinzas e 95,86% de MS.

Kholif *et al.* (2008) relataram que a composição química do conteúdo do rúmen seco ao sol era de 89,39% de MS, 85,47% de MO, 8,47% de PC, 34,10% de CF, 7,55% de EE, 14,53% de cinzas e 35,35% de NFE. A tabela seguinte resume a composição química do conteúdo do rúmen

4. Efeito do conteúdo ruminal como alimento sobre o consumo de ração e a digestibilidade dos nutrientes

Titus e Fritz (1971) e Emmanuel (1978) referiram que a inclusão de conteúdos ruminais secos na ração pode diminuir a digestibilidade dos ingredientes alimentares devido ao elevado teor de fibra dos conteúdos ruminais. Antongiovanni *et al.* (1973) verificaram que os coeficientes de digestão *in vitro* do conteúdo ruminal eram de 21, 25, 53 e 80% para a MS, MO, PC e EE, respetivamente. Seja como for, Kamphues (1980) indicou que a ensilagem de conteúdos ruminais com melaço e polpa de beterraba sacarina ou uma mistura de cevada triturada com malte aumentava a digestibilidade da matéria seca em 40%.

Coenen *et al.* (1984) observaram que a palatabilidade dos touros jovens era fraca quando o conteúdo ruminal conservado era fornecido isoladamente, mas melhorava quando era misturado com alimentos tradicionais. A digestibilidade aparente da MO, PC, azoto total (NT) e CF para o conteúdo ruminal conservado foi em média de 46, 51,

58 e 44%, respetivamente. Reddy e Reddy (1989) verificaram um aumento das digestibilidades da MS, OM, PC e CF de 61,3, 64,3, 61,4 e 76,6%, respetivamente, quando os conteúdos ruminais foram utilizados como silagem com palha de arroz e administrados *ad lib* a touros.

Tabela 1. Composição química do conteúdo ruminal

Authors	Chemical composition (DM basis)					
	OM	CP	EE	CF	Ash	NFE
Moon and Varley (1942)	82.00	15.00	3.00	23.00	17.00	41.00
Tizzoni (1964)	90.32	13.26	4.90	20.38	9.68	42.02
El-Deek *et al.* (1975)	74.10	28.80	7.30	6.80	25.90	31.00
Krutyporokh *et al.* (1977)	86.50	13.00	2.96	29.28	13.50	41.26
El Ansary *et al.* (1983)	85.96	10.12	4.25	31.95	14.04	30.91
Shebata *et al.* (1983)	81.14	25.92	3.33	28.80	18.86	23.09
Mori *et al.* (1989)	87.57	16.34	2.56	30.32	12.43	38.35
Ristic and Kormanjos (1989)	89.19	19.73	12.09	23.13	10.81	25.53
Shaban (1991)	86.87	12.07	3.87	30.25	13.13	31.37
Patra and Ghosh (1991)	87.47	15.40	0.70	37.50	12.53	33.87
Wafa (1991)	83.70	10.40	3.50	35.10	16.30	34.70
Abou El-wafa (1993)	82.71	9.89	1.40	30.30	17.29	41.12
Mardi (1994)	86.60	18.00	8.20	26.80	13.40	33.60
El-Tahan (1996)	81.49	10.20	3.27	36.84	18.51	31.18
Khattab *et al.* (1996)	85.40	11.71	1.82	39.60	14.60	32.27
Singer (2002)	83.70	16.80	2.80	33.01	16.30	31.09
Odunsi (2003)	76.60	46.10	2.13	6.38	23.40	16.00
Khattab *et al.* (2006)	84.67	16.80	3.26	35.42	15.33	29.19
Esonu *et al.* (2006)	92.40	18.52	8.79	15.30	7.60	38.39
Adeniji (2008)	84.00	9.00	4.25	16.20	16.00	50.41
Kholif *et al.* (2008)	85.47	8.47	7.55	34.10	14.53	35.35

Patra e Ghosh (1991) verificaram que a ingestão média de MS era de 47,9 g/kg$W^{0,75}$ quando quatro cabras Black Bengal foram alimentadas com dietas contendo erva do Pará *ad lib.* e conteúdo de rúmen bovino seco 100 g/h/d. El-Tahan (1991) verificou um aumento nas digestibilidades de DM, OM, CP, CF, EE e NFE em 50,1, 53,1, 60,5, 32,6, 76,4 e 66,7%, respetivamente, quando o conteúdo ruminal seco ao sol (SDRC) foi utilizado em 50% nas rações de ovinos. Gabr (1992) substituiu o feno de bérberis por SDRC em níveis de 20, 40, 60 ou 100% na base de MS nas rações de carneiros de Rahmany e observou que as digestibilidades da MS, OM, CF, NFE e ADF do feno de bérberis tendiam a ser mais elevadas (P<0,01) do que as da mistura de feno SDRC. A tendência inversa verificou-se no caso das digestibilidades da EE e da hemicelulose, que foram significativamente (P<0,01) mais elevadas para o SDRC. A digestibilidade da proteína bruta foi maior (P>0,05) nas dietas de feno e SDRC do que na de feno de berseem. Gupta *et al.* (1992) alimentaram cordeiros com rações contendo conteúdos ruminais de silagem com palha de sorgo e melaço na proporção 65:30:5 (controlo). Outras silagens tinham conteúdo ruminal bovino parcialmente substituído por sangue total bovino como T1, ureia como T2 e farinha de penas hidrolisada como T3. As digestibilidades da MS, MO, PC, ADF, NDF e ingestão de nitrogênio foram aumentadas no T1 em 62,60, 68,00, 66,80, 41,40, 53,80 e 14,49%, respetivamente, em comparação com os outros grupos.

Bikash *et al.* (1994) produziram silagem a partir de conteúdos ruminais frescos com 60-65% de humidade, 10% de melaço e 1% de ureia (com base na MS) e alimentaram grupos de cabras de Bengala Negra com a silagem em rações com 30:70, 50:50 e 70:30 de volumoso para concentrado. Verificaram que o DMI não diferiu significativamente entre os grupos quando foram administrados diferentes rácios de conteúdo ruminal de silagem e concentrado, mas a digestibilidade do NFE diminuiu (72,1, 61,4 e 59,5%, respetivamente), assim como o EE (72,8, 66,8 e 60,4%).

Yildiz *et al.* (1995) alimentaram ovelhas Merino com dietas que continham 0, 10, 20 e 30% de conteúdo ruminal em substituição da erva e verificaram que a digestibilidade da fibra bruta aumentava gradualmente à medida que o conteúdo ruminal aumentava na ração e que a eficiência da conversão alimentar com base na MS era de 48,2, 54,8, 51,8 e 55,4 % de digestibilidade da fibra bruta e

7,24, 8,03, 7,77 e 8,33 de eficiência de conversão alimentar, respetivamente.

Khattab *et al.* (1996) verificaram que a digestibilidade dos nutrientes para ovinos alimentados com as seguintes dietas:- controlo (30% de feno de bérberis + 70% de concentrado), T1 (70% de concentrado + 22,5% de feno de bérberis + 7,5% de SDRC) e T2 (70% de concentrado + 15% de feno de bérberis + 15% de SDRC) era de 56.92, 71,05 e 71,63% para MS, 63,38, 75,23 e 75,67% para MO, 75,78, 82,03 e 82,57% para PC, 51,04, 70,05 e 72,45% para CF, 76,23, 81,04 e 71,27% para EE e 65,62, 75,20 e 76,31% para NFE, respetivamente

Belewu *et al.* (2000) alimentaram cabras com três rações contendo 40, 60 e 100% de conteúdo de rúmen seco ao sol (SDRC) para substituir a casca de arroz e referiram que as rações contendo conteúdo de rúmen seco eram facilmente consumidas e não tinham efeitos indesejáveis na saúde dos animais. O coeficiente de digestibilidade aparente da MS foi semelhante em todas as rações que continham os diferentes níveis de conteúdo de rúmen seco, enquanto a digestibilidade da FC foi significativamente mais elevada ($P<0,05$) na dieta de controlo do que nas outras três dietas. A digestibilidade aparente das fracções de fibra (ADF, NDF e celulose) aumentou linearmente com os níveis crescentes de conteúdo de rúmen seco na dieta.

Singer (2002) alimentou vitelos com três rações: (1) 70% de mistura de alimentos concentrados (CFM) + 30% de palha de arroz, (2) 70% de CFM (50% de proteína bruta de CFM do conteúdo ruminal seco ao sol (SDRC) + 30% de palha de arroz e (3) 70% de CFM (50% de proteína bruta de CFM do conteúdo ruminal parcialmente seco ao sol como silagem (PSDRCS) + 30% de palha de arroz). A ingestão de matéria seca foi aumentada pela inclusão de SDRC na ração dos vitelos em crescimento, sendo de 6,67, 7,41 e 5,87kg/h/d para (1), (2) e (3), respetivamente. Além disso, os resultados mostraram que os coeficientes de digestibilidade da MS, OM, CP, CF, EE e NFE para o grupo (1) foram os valores mais baixos. Os valores foram 68,48, 72,35, 70,33, 63,73, 69,05 e 63,10% para o grupo (1) e 72,70, 73,84, 72,64, 74,84,

74,35 e 73,10% para o grupo (3), enquanto o grupo (2) registou os valores mais elevados (74,75, 75,97, 76,04, 72,93, 73,14 e 72,62%, respetivamente).

Khattab *et al.* (2006) usaram bezerros Friesian para avaliar o efeito do conteúdo ruminal seco ao sol e lasalocida na digestibilidade dos nutrientes. As rações foram T1 controlo (zero SDRC e zero lasalocida), T2 (20% SDRC e zero lasalocida), T3 (20% SDRC e 0.3gm lasalocida, T4 (40% SDRC e zero lasalocida) e T5 (40% SDRC e 0.3gm lasalocida) e verificaram que as digestibilidades da MS, OM, CP, CF e EE aumentaram gradualmente em T1, T2 e T3 e depois diminuíram em T4 e T5, respetivamente. Enquanto a digestibilidade do NFE aumentou gradualmente em T1, T2, T3 e T4 e depois diminuiu em T5. Verificaram um aumento gradual das digestibilidades de NDF, ADF, celulose e hemicelulose com o aumento do nível de SDRC na dieta.

Kholif *et al.* (2008) substituíram o trevo de bérberis por conteúdos ruminais secos ao sol com ou sem ZAD e ZADO em dietas de cabras Baladi em lactação, as dietas eram Controlo (60% CFM + 40% de trevo de bérberis), T1 (60%CFM + 20% de conteúdos ruminais secos + 20% de trevo de bérberis), T2 (60% CFM + 20% conteúdo ruminal tratado com ZAD + 20% de trevo de berseem) e T3 (60% CFM + 20% conteúdo ruminal tratado com ZAD + 20% de trevo de berseem + 20g ZADO/h/d), e verificou-se que os valores de digestibilidade dos nutrientes eram 66.57, 66,11, 66,97 e 68,12% para a MS, 66,37, 65,28, 66,88 e 68,75% para a MO, 71,78, 69,98, 73,20 e 73,51% para o PC, 65,53, 64,41, 67,85 e 68,20% para o CF, 68,15, 66,39, 68,66 e 69,98% para o EE e 64,35, 64,15, 66,25 e 67,80% para o NFE das dietas de controlo, T1, T2 e T3, respetivamente.

5. Valor nutritivo do conteúdo ruminal

Moon e Varley (1942) utilizaram os conteúdos do rúmen para alimentar ovinos e verificaram que o valor nutritivo dos conteúdos do rúmen era muito baixo, sendo de 7% para a proteína bruta digestível (PCD). Reddy e Reddy (1980) referiram que a energia metabolizável era de 882 Kcal/Kg, mas a energia líquida e as unidades de alimentação eram nulas para o conteúdo ruminal. Enquanto o valor alimentar do conteúdo ruminal para touros jovens era de 165 unidades de amido / kg de MS. Ebers (1981) verificou que touros jovens alimentados durante 42 dias com uma ração contendo 3,9 de cevada moída, 0,8 de farinha de soja e 3,3 kg de feno por dia ou com uma ração de 4,7 de cevada e 1,1 kg de conteúdo ruminal (com 2,6% de ureia), ambas com minerais. A energia metabolizável e a energia digestível do conteúdo ruminal foram de 1.298 e 1.942kcal/gm, respetivamente. Coenen *et al.* (1984) e El-Yassin *et al.* (1991) verificaram que a energia digestível e a energia metabolizável do conteúdo ruminal eram de 7,8 e 6,5 Mg/kg de MS, respetivamente.

El-Tahan (1991) verificou que os valores nutritivos dos conteúdos ruminais secos ao sol (SDRC) para ovinos alimentados com SDRC 100% *ad lib.* eram 3,8% DCP e 29,9% TDN, enquanto os valores nutritivos de 50% SDRC + 50% concentrado eram 7,4% e 36,5% para DCP e TDN, respetivamente. Patra e Ghosh (1991) alimentaram cabras de Bengala Negra com dietas que continham capim paraense e conteúdo de rúmen seco: controlo (100% capim paraense + 0% de conteúdo de rúmen seco), T1 (75% capim paraense + 25% de conteúdo de rúmen seco), T2 (50% capim paraense +50% de conteúdo de rúmen seco) e T3 (0% capim paraense + 100% de conteúdo de rúmen seco), verificaram que o DCP kg / $W^{0.75}$e TDN sendo 5.16-191.23, 6.61-214.05, 6.8-200.04 e 6.27- 136.11g, respetivamente. Bikash *et al.* (1994) fizeram silagem a partir de conteúdo fresco do rúmen (6065% de humidade) com 10% de melaço e 1% de ureia (com base na MS). Alimentaram grupos de cabras de Bengala Negra com dietas contendo 100:00, 30:70, 50:50 e 70:30 de silagem de conteúdo ruminal para concentrado e descobriram que os valores de DCP e TDN das dietas variavam de 9,40 a 11,13% e de 49,97 a 71,11%, respetivamente.

Khattab *et al.* (1996) descobriram que os valores de TDN para ovelhas alimentadas com controlo (30% de feno de bérberis + 70% de concentrado), T1 (70% de concentrado + 22,5% de feno de bérberis + 7,5% de SDRC) e T2 (70% de concentrado + 15% de forragem grosseira + 15% de SDRC) eram 62,33, 70,62 e 69,29%, respetivamente. Além disso, Khattab *et al.* (2006) utilizaram vitelos Frísios para avaliar o efeito da alimentação com conteúdo ruminal seco ao sol e lasalocida nos valores nutritivos das dietas. As rações eram T1 controlo (zero SDRC e zero lasalocida), T2 (20% SDRC e zero lasalocida), T3 (20% SDRC e 0.3gm lasalocida, T4 (40% SDRC e zero lasalocida) e T5 (40% SDRC e 0.3gm lasalocida) e verificou-se que os valores de TDN e DCP foram 60,29, 52,87, 51,09, 45,49 e 45,83% e 11,99, 12,06, 11,65, 12,01 e 12,10% para os tratamentos T1, T2, T3, T4 e T5, respetivamente.

Kholif *et al.* (2008) substituíram o trevo de berseem por conteúdos ruminais secos ao sol e alimentaram cabras baladi em lactação com as seguintes dietas: Controlo (60% CFM + 40% de trevo de bérberis), T1 (60%CFM + 20% de conteúdo ruminal seco + 20% de trevo de bérberis), T2 (60% CFM + 20% de conteúdo ruminal tratado com ZAD + 20% de trevo de bérberis) e T3 (60% CFM + 20% de conteúdo ruminal tratado com ZAD + 20% de trevo de bérberis + 20g/h/d de ZADO) e verificaram que os valores de TDN foram 62.01, 61,13, 63,58 e 64,63% para o controlo, T1, T2 e T3, respetivamente, enquanto os valores de DCP foram 9,67, 9,28, 9,80 e 9,84% para o controlo, T1, T2 e T3, respetivamente.

6. Efeito do conteúdo ruminal como alimento em alguns parâmetros ruminais

Coenen *et al.* (1984) verificaram que a alimentação de touros jovens com rações contendo conteúdos ruminais aumentava significativamente o pH, o azoto amoniacal e a ureia no fluido ruminal em comparação com a ração de feno. Reddy e Reddy (1989) verificaram que o pH ruminal, o azoto amoniacal e o azoto total dos touros alimentados com uma ração contendo palha de arroz ensilada com digesta do rúmen animal eram mais elevados do que os alimentados com rações de controlo, sendo (6,5, 1,1mg/dl e 34,9%) e (6,4, 1,0mg/dl e 34,2%), respetivamente. Yildiz *et al.* (1995) alimentaram ovelhas Merino com dietas que continham 0, 10, 20 ou 30% de conteúdo ruminal e referiram que não houve diferença no pH ruminal ou na concentração de azoto amoniacal entre os grupos. Khaled (1995) alimentou cordeiros com rações que continham 0, 10, 20 e 30% de conteúdo ruminal e verificou que não havia diferença entre os grupos nos valores de pH ruminal, sendo 6,5, 6,4, 6,8 e 6,7, respetivamente. Por outro lado, verificou-se uma diminuição das concentrações de azoto amoniacal ruminal de 15, 18 e 22%, respetivamente, e dos ácidos gordos voláteis totais ruminais de 11, 8 e 7%, respetivamente.

Khattab *et al.* (1996) alimentaram cordeiros com rações (concentrado e berseem) com 0, 25 e 50% de SDRC e verificaram que não houve diferença significativa nos valores do pH ruminal, sendo 6,4, 6,5 e 6,5, respetivamente, e um aumento significativo das concentrações de azoto amoniacal ruminal e de ácidos gordos voláteis totais, sendo 33,8, 33,4 e 30,1mg/100ml e 7,7, 8,1 e 8,3meq/100ml, respetivamente para as rações com 0, 25 e 50% de SDRC. Por outro lado, Singer (2002) substituiu parcialmente a CFM por SDRC ou SDRCS de acordo com a proteína bruta e encontrou uma diminuição no pH ruminal, sendo 6,42, 6,29 e 6,27. Por outro lado, verificou-se um aumento do NH3-N, TN, NPN, TP e TVFA's ruminais para as rações SDRC e SDRCS de 8,4 e 15,7%; 18,8 e 39,7%; 8,6 e 35%; 27,6 e 45,7% e 24,2 e 35,7%, respetivamente, em comparação com o controlo.

Khattab *et al.* (2006) alimentaram vitelos Frísios com cinco rações que continham SDRC e lasalocida, como se segue: T1 (zero SDRC e zero lasalocida), T2 (20% SDRC e zero lasalocida), T3 (20% SDRC e 0.3gm lasalocida, T4 (40% SDRC e zero lasalocida) e T5 (40% SDRC e 0.3gm lasalocida). Os valores do pH ruminal não diferiram significativamente entre os tratamentos, sendo 6,29, 6,08, 6,21, 6,36 e 6,28 respetivamente. Enquanto isso, o aumento do nível de conteúdo ruminal seco ao sol nas rações aumentou o NH3-N (14,86, 16,80, 16,35, 17,71 e 17,78 mg/100ml), TN (53,45, 61,50, 65,17, 88,83 e 88,81mg/100ml), NPN (26.58, 31.29, 31.64, 37.62 e 37.70mg/100ml), TPN (28.87, 30.27, 33.44, 51.06 e 51.16mg/100ml) e TVFA's (14.09, 15.57, 16.96, 17.82 e 18.66meq/100ml) para T1, T2, T3, T4 e T5, respetivamente.

Kholif *et al.* (2008) substituíram o trevo de berseem por conteúdos ruminais secos em rações para cabras Baladi da seguinte forma: Controlo (60% CFM + 40% de trevo de bérberis), T1 (60%CFM + 20% de conteúdo ruminal seco + 20% de trevo de bérberis), T2 (60% CFM + 20% de conteúdo ruminal tratado com ZAD + 20% de trevo de bérberis) e T3 (60% CFM + 20% de conteúdo ruminal tratado com ZAD + 20% de trevo de bérberis + 20g de ZADO/h/d). Relataram que os valores do pH ruminal, dos

AGT, do TN e do NPN não diferiram significativamente entre os tratamentos, sendo 6,34, 6,45, 6,43 e 6,42 para o pH, 10,67, 10,30, 10,83 e 10,84meq/100ml para os AGT, 103,77, 95,32, 101,10 e 104,87mg/100ml para o TN e 58,20, 58,81, 63,39 e 61,58mg/100ml para o NPN para o controlo, T1, T2 e T3, respetivamente. Enquanto que, houve diferenças significativas entre todos os tratamentos em NH3-N, (25.82, 24.68, 28.96 e 27.08mg/100ml) e nitrogénio proteico verdadeiro, (45.57, 36.52, 37.71 e 43.29mg/100ml) para o controlo, T1, T2, e T3, respetivamente.

7. Efeito do conteúdo ruminal como alimento em alguns parâmetros sanguíneos

Khaled (1995) alimentou cordeiros com rações que continham 0, 10, 20 e 30 conteúdos ruminais e verificou que os valores de proteínas totais séricas eram de 8,74, 8,66, 10,05 e 10,49 g/100ml e os valores de lípidos totais séricos eram de 12,93, 15,53, 14,13 e 19,3 mg/100ml, respetivamente. Enquanto isso, Khattab *et al.* (1996) alimentaram cordeiros com rações contendo 0, 25 e 50% de conteúdo ruminal seco ao sol e descobriram que a proteína total sérica, a albumina, a globulina e a ureia eram: 7,7, 7,4 e 7,6g/100 ml; 3,4, 3,3 e 3,6g/100 ml; 4,3, 4,1 e 4,0g/100 ml e 38,4, 47,6 e 39,5mg/100 ml, respetivamente. Além disso, Khattab *et al.* (2006) alimentaram bezerros Friesian com as seguintes rações: T1 (zero SDRC e zero lasalocida), T2 (20% SDRC e zero lasalocida), T3 (20% SDRC e 0.3gm lasalocida, T4 (40% SDRC e zero lasalocida) e T5 (40% SDRC e 0.3gm lasalocida). Verificaram que não existiam diferenças significativas nas proteínas totais e globulinas plasmáticas entre os grupos de controlo e de baixo conteúdo ruminal seco ao sol, enquanto os valores do alto nível de conteúdo ruminal seco ao sol eram significativamente ($P<0,01$) superiores aos dos outros tratamentos. Os valores correspondentes foram 6,36, 6,57, 6,43, 6,88 e 6,93gm/100ml para proteína total do plasma, e 3,04, 3,08, 2,92, 3,43 e 3,41gm/100ml para globulinas, respetivamente. Por outro lado, não foram observadas diferenças significativas entre os tratamentos na albumina plasmática e no azoto ureico, sendo 3,32, 3,49, 3,51, 3,43 e 3,52gm/100ml para a albumina e 24,72, 27,08, 27,07, 26,88 e 27,44mg/100ml para o azoto ureico.

Singer (2002) substituiu 50% da proteína bruta do CFM na ração de vitelos por 50% de PC do conteúdo do rúmen seco ao sol (SDRC) ou do conteúdo do rúmen como silagem (RCS) e descobriu que a ração SDRC aumentou a proteína total do plasma, albumina e globulina em 8,50, 1,70 e 8,04%, respetivamente, mas reduziu a relação A/G, GOT e GPT em 1,00, 18,80 e 7,50%, respetivamente, em comparação com o controlo. Enquanto que a ração RCS aumentou as proteínas totais plasmáticas, a albumina, a relação A/G e a GPT em 0,5, 1,7, 10,7 e 0,2%, respetivamente, mas diminuiu a globulina, a ureia e a GOT em 7,7, 10,3 e 16,7%, respetivamente, em comparação com o controlo.

Kholif *et al.* (2008) substituíram o trevo de berseem por conteúdo ruminal seco em rações para cabras Baladi em lactação da seguinte forma controlo (60% CFM + 40% de trevo de berseem), T1 (60%CFM + 20% de conteúdo ruminal seco + 20% de trevo de berseem), T2 (60% CFM + 20% de conteúdo ruminal tratado com ZAD + 20% de trevo de berseem) e T3 (60% CFM + 20% de conteúdo ruminal tratado com ZAD + 20% de trevo de berseem + 20g de ZADO/h/d), e verificaram que não houve diferenças significativas nas proteínas totais séricas, globulinas, ureia, creatinina, AST, ALT e glicose, entre os diferentes grupos; sendo 6.88, 6,66, 6,76 e 6,84 g/dl; 3,45, 3,42, 3,36 e 3,21g/dl; 43,17, 37,96, 42,32 e 41,71mg/dl; 1,26, 1,18, 1,20 e 1,18mg/dl; 61,83, 68,17, 63.17 e 66,75 unidades/ml; 18,88, 17,50, 18,88 e 18,71 unidades/ml e 78,00, 74,61, 75,28 e 78,38 mg/dl para o controlo, T1, T2 e T3, respetivamente. Por outro lado, houve diferenças significativas na albumina sérica e nos lípidos totais, entre os grupos; sendo 3,43, 3,24, 3,40 e 3,63g/dl e 247,50, 211,50, 265,92 e 273,38 mg/dl, respetivamente.

8. Efeito do conteúdo ruminal como alimento no crescimento

Ebers (1981) verificou que não houve diferença no ganho médio diário (990 e 970) de touros jovens engordados durante 42 dias com uma ração de controlo (3,9 kg de cevada, 0,8 kg de farinha de óleo de soja e 3,3 kg de feno) ou com uma ração testada (4,7 kg de cevada e conteúdos ruminais de 1,1 kg (com 2,6% de ureia)). Já Coenen *et al.* (1984) detectaram um aumento significativo ($p<0,05$) no ganho médio diário de touros jovens quando a palha de arroz foi substituída por conteúdos ruminais de 875 e 936g, respetivamente.

Patra e Ghosh (1991) relataram que o melhor ganho diário e a melhor conversão alimentar de cabras pretas de Bengala foram observados com a substituição de 50% do capim paraense por conteúdos ruminais secos, sendo 33,33g e 5,91, respetivamente. Yildiz *et al.* (1995) alimentaram ovelhas Merino com dietas contendo 0, 10, 20 ou 30% de conteúdo ruminal e verificaram que o ganho diário de peso vivo foi de 189,80, 159,69, 177,30 e 164,03 g, respetivamente. Khattab *et al.* (1996) alimentaram cordeiros com rações contendo 0, 25 e 50% de conteúdo ruminal seco ao sol e verificaram que o ganho médio diário foi de 90,92, 122,9 e 164,91 g/dia, respetivamente.

Abouheif *et al.* (1999) substituíram a mistura de alimentos concentrados por 0, 25, 50, 100% de conteúdo ruminal e mistura de cevada 4:1 p/p (RCB) e verificaram que o ganho de peso médio era mais elevado (P<0,05) nos cordeiros alimentados com a dieta de controlo do que nos alimentados com dietas RCB; sendo 205, 177, 156 e 143 g/d, respetivamente. Belewu *et al.* (2000) alimentaram cabras com três rações que continham 40, 60 e 100% de conteúdo ruminal seco ao sol em substituição da casca de arroz e verificaram que o ganho de peso vivo aumentou (P<0,05) com o aumento do nível de conteúdo ruminal seco ao sol nas rações das cabras; sendo 283, 303 e 327g, respetivamente.

Singer (2002) substituiu 50% da proteína bruta de CFM em rações de vitelos por 50% de PC de conteúdos ruminais secos ao sol (SDRC) ou conteúdos ruminais como silagem (RCS) e descobriu que o ganho médio diário era de 0,44, 0,60, 0,68 kg/dia para o controlo, SDRC e RCS, respetivamente.

Khattab *et al.* (2006) observaram um aumento no ganho médio diário utilizando SDRC com 20 e 40% nas rações de vitelos frísios, sendo 0,936 e 0,925 kg/dia, respetivamente, em comparação com 0,908 kg/dia para o controlo.

9. Efeito do conteúdo ruminal como alimento na produção de leite

Kholif *et al.* (2008) substituíram o trevo de bérberis por conteúdo ruminal seco em rações para cabras Baladi em lactação da seguinte forma: controlo (60% CFM + 40% de trevo de bérberis), T1 (60%CFM + 20% de conteúdo ruminal seco + 20% de trevo de bérberis), T2 (60% CFM + 20% de conteúdo ruminal tratado com ZAD + 20% de trevo de bérberis) e T3 (60% CFM + 20% de conteúdo ruminal tratado com ZAD + 20% de trevo de bérberis + 20g ZADO/h/d), e verificaram que a produção de leite foi de 821.55, 771.00, 807.54 e 813.39 (g/h/d) para o controlo, T1, T2 e T3, respetivamente, e os valores da eficiência alimentar (FCM/DMI) foram 0.86, 0.84, 0.88 e 0.90 na mesma ordem. No entanto, não houve diferenças significativas (P>0,05) entre os grupos na FCM, sendo 755,10, 715,86, 754,62 e 773,70%; cinzas do leite sendo 0,729, 0,735, 0,694 e 0,706%; pH do leite sendo 6,50, 6,52, 6,53 e 6,53 e acidez do leite sendo 0,158, 0,157, 0,155 e 0,157 para o controlo, T1, T2 e T3, respetivamente. Enquanto que, houve diferenças significativas (P<0.05) entre os grupos na gordura do leite sendo 3.47, 3.54, 3.57 e 3.70 %; sólidos totais do leite sendo 11.94, 11.83, 11.99 e 12.24 %; sólidos do leite sem gordura sendo 8.47, 8.29, 8.42 e 8.55 %; proteínas totais do leite: 3.47, 3.43, 3.53 e 3.58 % e lactose do leite: 4.27, 4.13, 4.19 e 4.26 % para o controlo, T1, T2 e T3, respetivamente.

Capítulo 3

MATERIAIS E MÉTODOS

O presente estudo foi realizado numa exploração privada pertencente ao Departamento de Ciência dos Produtos Lácteos, Centro Nacional de Investigação, Dokki, Giza, Egito. O trabalho de campo teve início em junho de 2007 e durou dezasseis semanas.

O principal objetivo deste estudo foi determinar o efeito da inclusão de conteúdos ruminais secos ao sol (SDRC) na ração de cabras Baladi em lactação sobre o consumo de ração, o coeficiente de digestão, os valores nutritivos, os parâmetros ruminais e sanguíneos e a produção e composição do leite.

1. Recolha do conteúdo ruminal

Os conteúdos ruminais foram recolhidos em matadouros públicos da cidade de Atfieh, província de Helwan, Egito. Imediatamente após o abate dos animais ruminantes, estes resíduos foram transportados para a exploração agrícola para serem preparados e armazenados.

2. preparação e armazenamento dos conteúdos ruminais

Após a recolha do conteúdo ruminal, os lotes foram secos ao sol numa camada de 3-5 centímetros de profundidade durante 15 dias. Durante este período, os lotes foram virados de cabeça para baixo e bem misturados 5-7 vezes por dia até atingirem 90-92% de teor de MS, sendo depois recolhidos e armazenados em sacos de plástico até à altura da alimentação.

3. Digestibilidade e pistas de lactação

a. Animais de laboratório

Quatro cabras Baladi em lactação, com cerca de 2-3 anos de idade e com uma média de 23,74 kg de peso vivo após 7 dias de parição, foram divididas aleatoriamente utilizando desenhos de quadrados latinos 4x4. Os períodos experimentais estenderam-se por 16 semanas (112 dias) e consistiram em quatro períodos iguais (28 dias cada). Cada período consistiu em 21 dias como período preliminar, seguidos de 7 dias para a recolha das amostras experimentais.

b. Rações experimentais

As cabras foram alimentadas com 3,5% do peso corporal em rações experimentais que consistiam num rácio de 50:50 de concentrado: forragem. A mistura de alimentos concentrados consistia em 45% de milho amarelo, 15% de farinha de sementes de algodão, 20% de farelo de trigo, 10% de farelo de arroz, 1% de sal, 3% de calcário, 5% de vinoso e 1% de pré-mistura de minerais e vitaminas. As rações experimentais foram:

1- Controlo: 50 % de mistura de alimentos concentrados (CFM) e 50 % de feno de trevo.

2- R1: 50 % de CFM, 37,5 % de feno de trevo e 12,5 % de conteúdo ruminal seco ao sol (SDRC).

3- R2: 50 % de CFM, 25 % de feno de trevo e 25 % de SDRC.

4- R3: 50% CFM, 12,5% feno de trevo e 37,5% SDRC.

c. Gestão

Os animais foram alimentados individualmente e com misturas de FCM e alimentos grosseiros duas vezes por dia, às 8h00 e às 20h00. A ingestão de matéria seca foi medida durante os últimos sete dias do período experimental. Os animais tiveram sempre à sua disposição água fresca.

4. Determinação dos coeficientes de digestão

Para a determinação do valor nutritivo e da digestibilidade, foi aplicado o método de amostragem por amostragem, tendo sido utilizada a cinza insolúvel em ácido (AIA) como marcador interno, de acordo com Gallups *et al.* (1945) e Forbes *et al.*

(1948). As amostras de fezes foram colhidas manualmente às 7h00 da manhã durante três dias sucessivos nos primeiros três dias dos períodos de recolha (7 dias) para cada experiência. As amostras representativas de fezes foram pulverizadas com uma solução de ácido sulfúrico a 10% e formalina e, em seguida, secas em estufa a 70°C durante 24 horas. As amostras de fezes frescas de cada animal foram bem misturadas com pesos iguais e depois moídas e armazenadas em sacos de polietileno para análise química.

Tabela 2. Composição química dos ingredientes dos alimentos para animais e das rações experimentais (com base na MS)

Items	Chemical composition						
	DM	OM	CP	EE	CF	Ash	NFE
Feedstuff ingredients:							
CFM	91.19	86.36	14.39	3.83	19.91	13.64	48.23
Clover hay	92.12	86.80	12.92	1.55	28.17	13.20	44.16
SDRC	91.84	85.44	12.39	2.08	38.30	14.56	32.67
Experimental rations:							
C	91.66	86.58	13.66	2.69	24.04	13.42	46.20
R_1	91.62	86.41	13.59	2.76	25.31	13.59	44.76
R_2	91.59	86.24	13.52	2.82	26.57	13.76	43.32
R_3	91.55	86.07	13.46	2.89	27.84	13.93	41.89

CFM: mistura de alimentos concentrados, SDRC: conteúdo ruminal seco ao sol, C: CFM (50%) + feno de trevo (50%), R_1: CFM (50%) + feno de trevo (37,5%) + conteúdo ruminal (12,5%), R_2: CFM (50%) + feno de trevo (25%) + conteúdo ruminal (25%), R_3: CFM (50%) + feno de trevo (12,5%) + conteúdo ruminal (37,5%).

O coeficiente de digestibilidade de um determinado nutriente foi calculado de acordo com a seguinte fórmula.

$$\text{Digestion coefficient} = 100 - \left[100\, x \frac{\%\,AIA\, in\, feed}{\%\,AIA\, in\, feces}\, x \frac{\%\, nutrientin\, feces}{\%\, nutrientin\, feed} \right]$$

5. Amostragem do licor ruminal

As amostras de licor ruminal foram recolhidas por sonda gástrica no último dia de cada período experimental para cada animal. As amostras foram colhidas antes da alimentação matinal (tempo zero) e três e seis horas após a alimentação matinal. As amostras de rúmen foram filtradas através de duas camadas de pano de queijo e imediatamente utilizadas para a determinação do pH ruminal por um medidor de pH digital. Em seguida, as amostras de licor ruminal foram armazenadas em frascos de vidro com gotas de tolueno e uma fina camada de óleo de parafina, num congelador a -18 °C, para análise do azoto total (NT), do azoto amoniacal (NH3-N), do azoto não proteico (NNP) e dos ácidos gordos voláteis totais (AGVT).

6. Amostragem de sangue

Foram colhidas amostras de sangue de cada animal no último dia de cada período experimental. As amostras (10 ml de sangue por animal) foram colhidas antes da alimentação matinal (hora zero) e quatro horas após a alimentação. Cada amostra de sangue foi retirada da veia jugular para um tubo limpo e seco e centrifugada a 4000 rpm durante 15 minutos, depois o soro sanguíneo foi separado para um frasco de vidro limpo e seco e armazenado num congelador a -18°c para análise da proteína total (TP), azoto ureico, aspartato aminotransferase (AST), alanina aminotransferase (ALT), albumina, globulina, creatinina, glicose e colesterol.

7. Colheita de amostras de leite

Os animais foram ordenhados à mão duas vezes por dia, às 7:00 e às 19:00 horas, durante os últimos três dias de cada período experimental. Foram colhidas amostras de leite de cada animal na ordenha da manhã e da tarde, imediatamente. A amostra representativa de cada animal foi uma amostra mista de percentagem constante da produção da tarde e da manhã para análise química total (teor de gordura, proteína total, lactose, sólidos totais, sólidos não gordos, caseína, azoto não caseínico e cinzas)

8. Análise química

a. Análise dos alimentos para animais e das fezes

A análise química dos alimentos para animais e das amostras de fezes foi efectuada para determinar a percentagem de matéria seca (MS), extrato etéreo (EE), fibra bruta (FC) e teor de cinzas de acordo com os métodos da A.O.A.C (1995) e proteína bruta (PB) utilizando o método macro kjeldahl. O extrato isento de azoto (NFE) foi calculado subtraindo as percentagens de soma de PC, EE, CF e cinzas de cem. Além disso, a matéria orgânica (MO) foi calculada subtraindo a percentagem de cinzas de cem.

b. Análise do licor ruminal

1. pH ruminal

O pH foi determinado com um medidor de pH digital Hanna.

2. Amoníaco-nitrogénio (NH3-N)

A concentração de NH3-N no fluido ruminal foi determinada pelo método de destilação Kjeldahl (A.O.A.C., 1995).

3. Azoto total (TN) e azoto não proteico (NPN)

O azoto total e o NPN foram determinados pelo método de destilação semi-micro kjeldahl modificado, de acordo com a A.O.A.C. (1995).

4. Azoto proteico verdadeiro (NMP verdadeiro)

A proteína verdadeira foi calculada subtraindo o valor de NPN do azoto total.

5. Ácidos gordos voláteis totais (AGVT)

Os ácidos gordos voláteis ruminais foram determinados por destilação a vapor, tal como descrito por Warner (1964).

c. Análise do soro sanguíneo

Os parâmetros do soro sanguíneo foram determinados utilizando kits obtidos da Egyptian- American Co. for Laboratory Services, como se segue:

1. Proteínas totais do soro

As proteínas totais do soro foram medidas colorimetricamente pela reação de biureto, utilizando kits de laboratório Stanbio, de acordo com Weichelbaum (1946).

2. Albumina sérica

A albumina sérica foi determinada por um método colorimétrico baseado nos princípios descritos por Doumas *et al.* (1971).

3. Globulina sérica

A globulina sérica foi calculada subtraindo o valor da albumina do valor correspondente da proteína total.

4. Rácio albumina: Rácio de globulina (rácio A/G)

O rácio A/G foi calculado dividindo o valor da albumina pelo valor da globulina.

5. Transaminases séricas

A aspartato aminotransferase (AST) e a alanina aminotransferase (ALT) séricas foram determinadas colorimetricamente de acordo com o método de Reitman e Frankel (1957).

6. Azoto ureico sérico

O azoto ureico sérico foi determinado colorimetricamente de acordo com Henry *et al.* (1974).

7. Glicose sérica

A glucose sérica foi determinada colorimetricamente de acordo com Siest *et al.* (1981).

8. Colesterol sérico

O colesterol sérico foi determinado colorimetricamente de acordo com Flegg (1973).

9. Creatinina sérica

A creatinina sérica foi determinada colorimetricamente de acordo com Bartles *et al.* (1972) e Larsen (1972)

d. Análise do leite

1. Acidez titulável

A acidez titulável foi determinada de acordo com Ling (1963).

2. Sólidos totais

O teor de sólidos totais foi determinado de acordo com o Laboratory Manual (1949).

3. Gordura

A percentagem de gordura foi determinada pelo método de Gerber, de acordo com o British Standard Institution (1951).

4. Produção de leite corrigida em função da gordura (FCM)

O leite com correção de gordura (4% de gordura) foi calculado utilizando a seguinte equação de acordo com Gaines (1927).

$$FCM = 0.4\ M + 15\ F$$

Onde: M= produção de leite (g/d)

F= rendimento em gordura (uma quantidade de gordura = M x % de gordura).

5. Sólidos não gordos

O teor de sólidos não gordos foi calculado pela diferença entre os sólidos totais e o teor de gordura.

6. Lactose

O teor de lactose foi determinado calorimetricamente de acordo com Barnett e Abd El-Tawab (1957)

7. Proteína total

O azoto total foi determinado pelo método de destilação semi-micro Kjeldahl de acordo com Ling (1963).

8. Cinzas

O teor de cinzas foi determinado conforme descrito por Ling (1963).

9. Azoto não caseínico (NCN)

O azoto não caseínico foi determinado pelo método de destilação semi-micro Kjeldahl, segundo Ashaffenburg e Drewry (1959).

10. Caseína

O teor de caseína foi calculado pela diferença entre o teor de proteínas totais e o teor de azoto não caseínico.

9. Análise estatística

Os dados foram analisados utilizando o método linear geral do sistema de análise estatística (SAS, 1998) e o teste de intervalo múltiplo de Duncan (Duncan, 1955) foi utilizado para a separação entre médias.

Os dados de produção de leite, composição do leite e digestibilidade dos nutrientes foram analisados de acordo com o modelo de quadrado latino:

$$Y_{ijk} = \mu + R_I + C_j + T_k + e_{ijk}.$$

Onde Y_{ijk} é a observação em análise da cabra ijk, μ é a média global, R_I efeito do período de lactação, Cj efeito dos animais, Tk efeito do tratamento, e_{ijk} é o erro experimental para ijk na observação,

Os dados dos parâmetros do licor ruminal e dos parâmetros do soro sanguíneo foram analisados de acordo com o seguinte modelo:

$$Y_{ijk} = \mu + R_I + T_j + (RT)_{ij} + B_k + (TB)_{jk} + (RB)_{ik} + E_{ijk}.$$

Em que, R_I: período, T_j: tratamento, $(RT)_{ij}$: interação, B_k: tempo de amostragem, $(TB)_{jk}$: interação (TB), $(RB)_{ik}$: interação (RB) e E_{ijk}: erro experimental.

Capítulo 4

RESULTADOS E DISCUSSÃO

1. Efeito da alimentação com rações experimentais na ingestão de matéria seca e nas alterações do peso vivo

Os dados apresentados no Quadro (3) e na Fig. (1) mostram que o peso vivo não foi afetado pelas diferentes rações experimentais. Relativamente à ingestão de matéria seca, os dados mostraram que a ingestão total de matéria seca diminuiu gradualmente com o aumento do nível de SDRC nas rações. Estes resultados estão de acordo com os relatados por Khattab *et al.* (2006), que sugeriram que a diminuição da DMI da ração com SDRC pode ser atribuída ao elevado teor de fibra bruta no SDRC e pode também dever-se ao facto de o feno de trevo ser mais palatável do que o SDRC.

2. Efeito da alimentação com rações experimentais na digestibilidade dos nutrientes e no valor nutritivo

Os dados na Tabela (3) mostraram que não houve diferenças significativas (P>0,05) nas digestibilidades do PC entre os grupos, sendo 65,00, 63,89, 65,27 e 64,63 % para C, R1, R2 e R3, respetivamente. Também não houve diferenças significativas (P>0,05) nas digestibilidades da MS, OM e NFE entre o Controlo, R1 e R2, sendo 59,70, 60,11 e 59,45% e 62,27, 62,30 e 60,86 % e 72,10, 71,08, 70,59 %, respetivamente. As digestibilidades de CF e EE não foram significativamente diferentes (P>0,05) entre C, R2 e R3, sendo 42,36, 42,93 e 40,94 % e 54,84, 57,37 e 53,70 %, respetivamente. No entanto, os valores mais baixos de MS, OM, CF, EE e NFE foram registados para R3, que contém o nível mais elevado de conteúdo ruminal seco ao sol (SDRC). Estes resultados podem ser atribuídos ao teor mais elevado de fibra nesta ração, tal como concluído por Titus e Fritz (1971) e Emmanuel (1978).

No entanto, verificou-se um aumento significativo (P<0,05) das digestibilidades da FC e do EE para o R1 em comparação com o controlo, sendo 46,06 e 58,20% e 42,36 e 54,84%, respetivamente. Estes aumentos podem estar relacionados com o facto de o SDRC conter enzimas microbianas parcialmente inactivadas e/ou vários factores desconhecidos que melhoram os microrganismos do rúmen para melhorar a utilização dos nutrientes. rúmen para melhorar a utilização dos nutrientes, especialmente da fibra bruta (Khattab *et al.*, 1996; Singer, 2002 e Khattab *et al.*, 2006).

Tabela 3. Efeito da alimentação com rações experimentais na ingestão de matéria seca, no coeficiente de digestão dos nutrientes e no valor nutritivo

Items	Experimental rations			
	C	R_1	R_2	R_3
Live body weight(kg)	23.74	23.75	23.73	23.72
Dry matter intake (g/h/d):				
Total	1018	934	880	871
Nutrient digestibilities (%):				
DM	59.70^{a}	60.14^{a}	59.45^{a}	55.71^{b}
OM	62.27^{a}	62.30^{a}	60.86^{ab}	58.07^{b}
CP	65.00	63.89	65.27	64.63
CF	42.36^{b}	46.06^{a}	42.93^{b}	40.94^{b}
EE	54.84^{bc}	58.20^{a}	57.37^{ab}	53.70^{c}
NFE	72.10^{a}	71.08^{a}	70.59^{a}	67.57^{b}
Nutritive value (%):				
TDN	55.69^{a}	55.77^{a}	54.45^{ab}	51.89^{b}
DCP	8.88	8.68	8.82	8.70

a, b, c, d as médias com diferentes sobrescritos são significativas (P<0,05)

Não houve diferença significativa (P>0,05) nos valores nutritivos como TDN ou DCP entre os grupos, exceto uma diminuição significativa (P<0,05) no TDN para R3, sendo 55,69, 55,77, 54,45 e 51,89 % e 8,88, 8,68, 8,82 e 8,70 % para C, R1, R2 e R3, respetivamente. Estes resultados estão de acordo com os obtidos por Khattab *et al.* (1996) e Khattab *et al.* (2006).

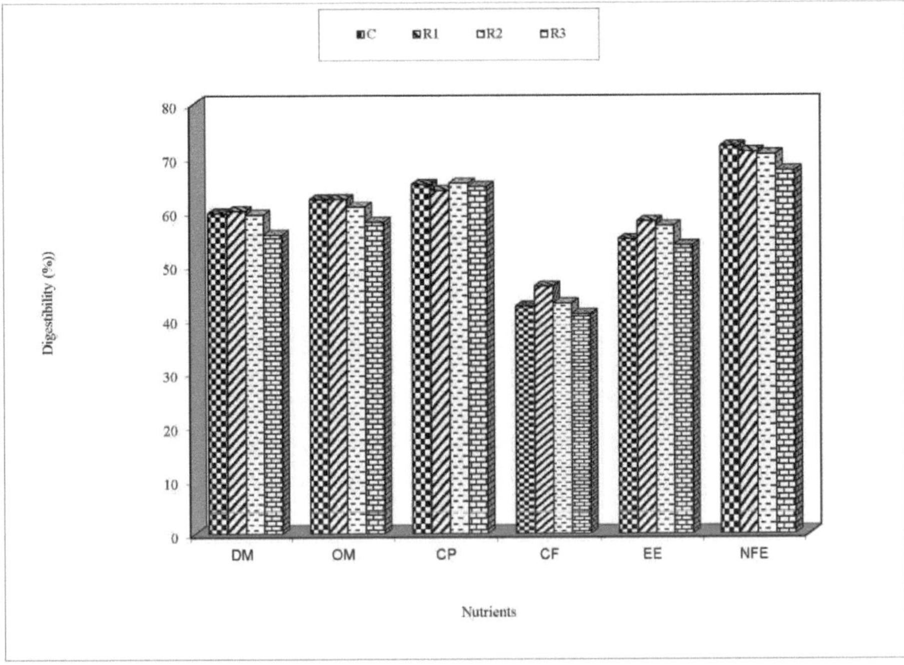

Fig. 1 . Efeito da alimentação das rações experimentais na ingestão de matéria seca, no coeficiente de digestão dos nutrientes e no valor nutritivo

3. Efeito da alimentação com rações experimentais em alguns parâmetros do licor ruminal

Os parâmetros ruminais são indicadores importantes do ambiente ruminal, da atividade microbiana e, subsequentemente, do metabolismo ruminal. Os parâmetros mais indicativos determinados neste estudo foram o pH ruminal, os AGT, o azoto amoniacal, o azoto não proteico, o azoto total e o azoto proteico verdadeiro.

a. pH ruminal

Os valores médios do pH do rúmen nos diferentes grupos experimentais, nas diferentes épocas de amostragem, em cabras em lactação, são apresentados na Tabela (4) e na Fig. (2). Os valores médios do pH no tempo zero (antes da alimentação) foram de 6,85, 6,88, 6,88 e 6,90 para C, R1, R2 e R3, respetivamente. Em seguida, os valores de pH diminuíram gradualmente até atingirem valores mínimos às 3 horas após a alimentação, sendo 6,32, 6,32, 6,35 e 6,32 para os grupos esperados ordenadamente. Às 6 horas após a alimentação, os valores de pH aumentaram até atingirem 6,48, 6,50, 6,53 e 6,60, pela mesma ordem. Estes resultados indicam que o tempo de amostragem teve um efeito significativo ($P<0,05$) nos valores do pH ruminal, mas os valores estão dentro da gama normal, como se pode ver na Fig. (3).

Registou-se um aumento linear do pH ruminal com o aumento do nível de conteúdo ruminal nas rações para cabras. No entanto, não houve diferenças significativas ($P>0,05$) entre R1 e R2 no pH do fluido ruminal em comparação com o controlo. O valor mais elevado e significativo ($P<0,05$) do pH ruminal foi registado no R3 em comparação com os outros grupos. Estes resultados estão de acordo com os registados por Khattab *et al.* (2006) e Kholif (2008), que descobriram que o pH ruminal era mais elevado do que o do controlo. Kholif (2008) que verificaram que os valores de pH aumentaram no licor ruminal de animais alimentados com rações que continham conteúdos ruminais em comparação com o controlo. Estes resultados podem estar relacionados com o processo de fermentação de hidratos de carbono não estruturais e estruturais ou/e com a produção de saliva que provoca um aumento do pH ruminal.

Tabela 4. Efeito da alimentação com rações experimentais no valor do pH ruminal de cabras em lactação

Experimental rations	Sampling time (hrs)			Mean	± SE
	0	3	6		
C	6.85	6.32	6.48	6.55^{c}	0.048
R_1	6.88	6.32	6.50	6.57^{bc}	0.050
R_2	6.88	6.35	6.53	6.58^{ab}	0.047
R_3	6.90	6.32	6.60	6.61^{a}	0.052
Mean	6.88^{a}	6.33^{c}	6.53^{b}		
± SE	0.015	0.008	0.016		

a, b, c as médias com diferentes sobrescritos são significativas ($P<0,05$)

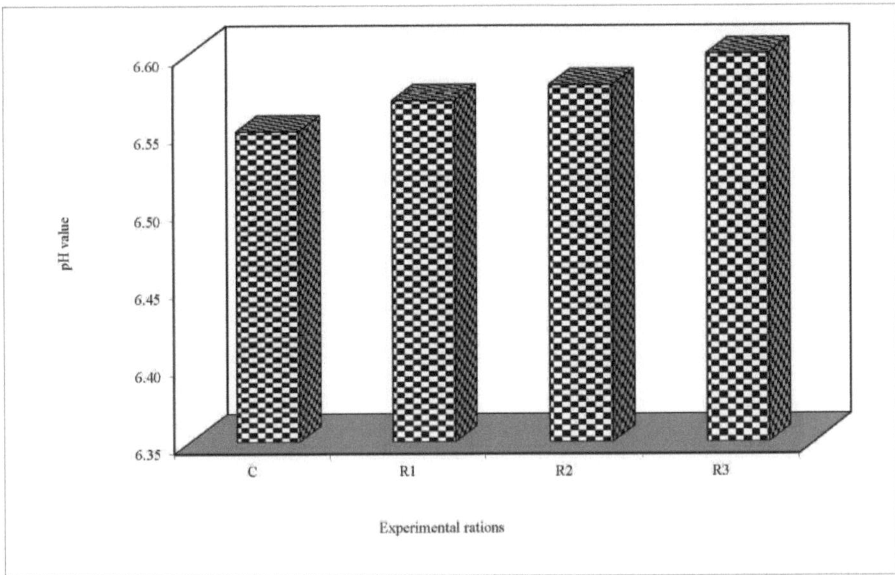

Fig. 2. Efeito da alimentação com rações experimentais no valor do pH ruminal de cabras em lactação

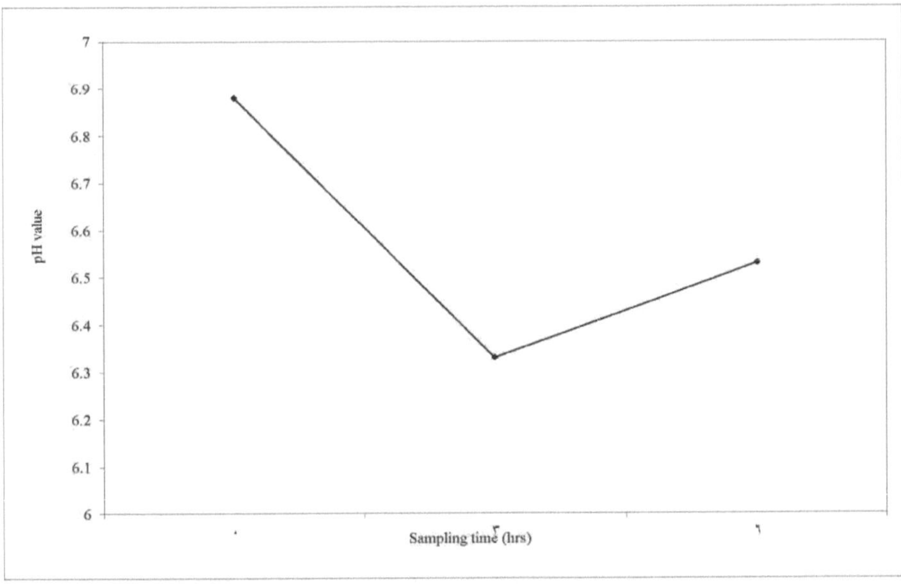

Fig. 3 . Efeito do tempo de amostragem no valor do pH ruminal de cabras em lactação

b. Ácidos gordos voláteis totais do rúmen

Os valores médios dos ácidos gordos voláteis totais do rúmen (AGVT) nos diferentes grupos experimentais, nas diferentes épocas de amostragem das cabras em lactação, são apresentados na Tabela (5) e na Fig. (4). Os valores médios dos ácidos gordos voláteis totais foram de 4,77, 4,60, 4,60 e 4,41 meq/dl no tempo zero para C, R1, R2 e R3, respetivamente. Os valores máximos de AGVT foram registados às 3 horas após a alimentação, sendo de 8,83, 9,00, 8,36 e 8,57 meq/dl para C, R1, R2 e R3, respetivamente. Às 6 horas após a alimentação, diminuiu para atingir 6,99, 6,94, 6,90 e 6,39, pela mesma ordem. As diferenças entre os tempos de amostragem foram significativas (P<0,05) e os valores estão dentro dos limites normais (Fig. 5). Verificou-se uma diminuição linear dos ácidos gordos voláteis ruminais com o aumento do conteúdo ruminal das rações para caprinos. No entanto, não houve diferença significativa (P>0,05) entre C, R1 e R2 nos AGTN ruminais,

Tabela 5. Efeito da alimentação com rações experimentais na concentração ruminal de ácidos gordos voláteis (meq/dl) de cabras em lactação

Experimental rations	Sampling time (hrs)			Mean	± SE
	0	3	6		
C	4.77	8.83	6.99	6.86[a]	0.404
R_1	4.60	9.00	6.94	6.85[a]	0.430
R_2	4.60	8.36	6.90	6.62[ab]	0.343
R_3	4.41	8.57	6.39	6.46[b]	0.389
Mean	4.59[c]	8.69[a]	6.80[b]		
± SE	0.152	0.167	0.154		

a, b, c As médias com diferentes sobrescritos são significativas (P<0,05).

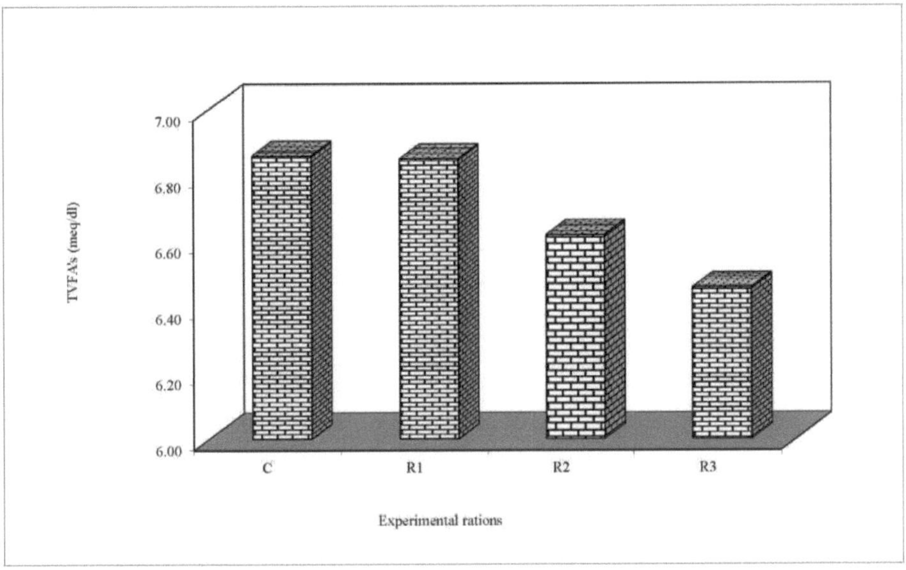

Fig. 4 - Efeito da alimentação com rações experimentais na concentração ruminal de AGTL (meq/dl) de cabras em lactação

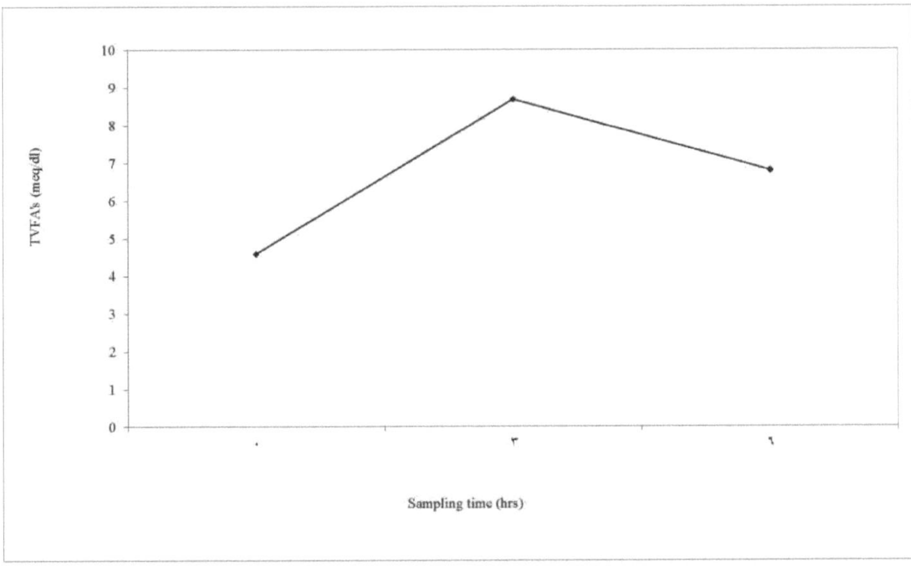

Fig. 5. Efeito do tempo de amostragem na concentração ruminal de ácidos gordos voláteis (meq/dl) de cabras em lactação

sendo 6,86, 6,58 e 6,62meq/dl, respetivamente. Enquanto isso, houve uma diminuição significativa (P<0,05) de 6% nos AGTL com R3 em comparação com o controlo. Estes resultados estão de acordo com as conclusões de Khaled (1995) e Kholif (2008), que concluíram que o grupo de controlo registou uma concentração ligeiramente superior de AGTL em comparação com as rações que continham conteúdos ruminais secos. No entanto, Singer (2002) e Khattab *et al.* (2006) observaram um aumento linear nos AGTL do fluido ruminal com o aumento do nível de conteúdo ruminal seco ao sol nas rações. Esta diminuição dos AFT com o aumento do nível de SDRC nas rações pode ser explicada pelo facto de o SDRC ter menos nutrientes fermentáveis do que o feno de trevo, o que se reflecte nos valores mais baixos das digestibilidades dos nutrientes das rações que contêm SDRC (Quadro 3).

Em geral, os dados obtidos neste estudo indicaram que a concentração de AFT estava negativamente associada ao valor do pH, o que era esperado. Achados semelhantes foram registados por Giacomini *et al.* (1985), Burrin e Britton (1986), Taie (1993) e Baraghit *et al.* (1995). Indicaram que o progresso do aumento da concentração ruminal de ácidos gordos voláteis foi acompanhado por uma redução do pH ruminal. A energia da produção microbiana ruminal está relacionada com os materiais fermentáveis degradados em AGTL pelos microrganismos ruminais durante a digestão (Hume *et al.,* 1970; Walker e Nader, 1970; e Mathison e Milligan, 1971).

c. Concentração de azoto amoniacal ruminal (NH3-N)

Os valores médios de NH3-N ruminal nos diferentes grupos experimentais através dos diferentes tempos de amostragem de cabras em lactação são mostrados na Tabela (6) e na Fig. (6). As médias da concentração de NH3-N no tempo zero foram de 21,22, 19,05, 18,85 e 18,04 mg/dl para C, R1, R2 e R3, respetivamente. A concentração de NH3-N aumentou às 3 horas após a alimentação, atingindo 33,88, 33,21, 30,99 e 30,87 mg/dl, e depois diminuiu às 6 horas, atingindo 30,13, 26,34, 27,55 e 27,49, pela mesma ordem. As diferenças nos valores médios de NH3-N entre as horas de amostragem foram significativas (P<0,05), mas os valores estão dentro dos limites normais (Fig. 7). Os valores médios

Os valores de NH_3-N ruminal, independentemente do tempo de amostragem, diminuíram significativamente (P<0,05) para R_1, R_2 e R3 em comparação com C, sendo 26,20, 25,80, 25,47 e 28,41mg/dl. Este resultado pode estar relacionado com a menor degradabilidade do conteúdo ruminal seco ao sol do que a do feno de trevo. Resultados semelhantes foram registados por Khattab *et al.* (1996).

Tabela 6. Efeito da alimentação com rações experimentais na concentração ruminal de azoto amoniacal (mg/dl) de cabras em lactação

Experimental rations	Sampling time (hrs)			Mean	± SE
	0	3	6		
C	21.22	33.88	30.13	28.41[a]	1.593
R_1	19.05	33.21	26.34	26.20[b]	1.548
R_2	18.85	30.99	27.55	25.80[b]	1.413
R_3	18.04	30.87	27.49	25.47[b]	1.299
Mean	19.29[c]	32.24[a]	27.88[b]		
± SE	0.622	1.068	0.774		

a, b, c as médias com diferentes sobrescritos são significativas (P<0,05)

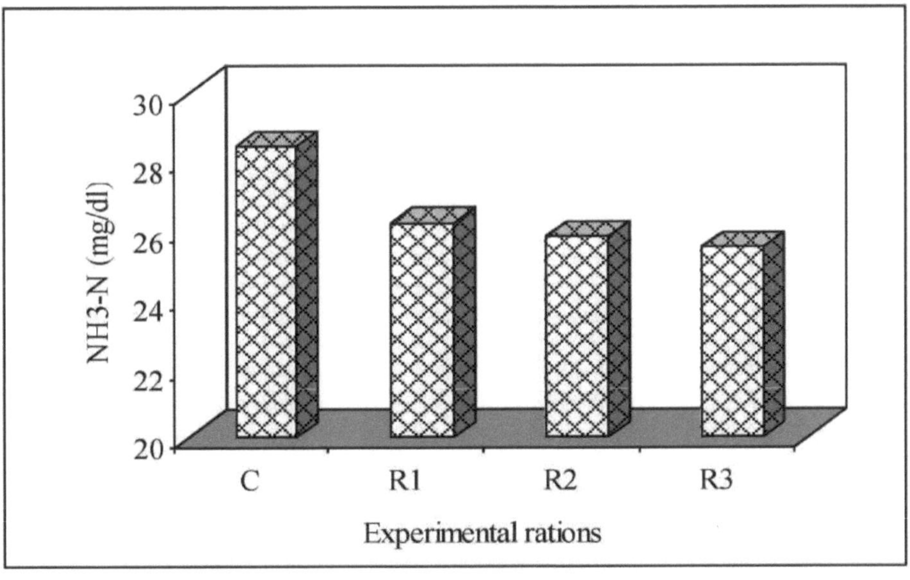

Fig. 6 . Efeito da alimentação com rações experimentais na concentração ruminal de azoto amoniacal (mg/dl) de cabras em lactação

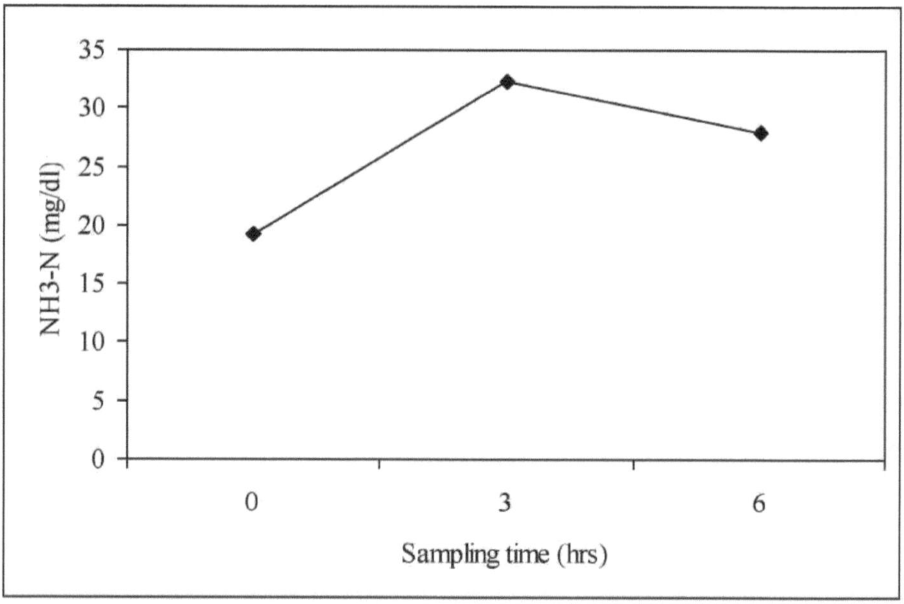

Fig. 7 . Efeito do tempo de amostragem na concentração de azoto amoniacal ruminal (mg/dl) de cabras em lactação

d. Concentração de azoto não proteico (NPN)

Os dados da Tabela (7) e da Fig. (8) indicam que o uso de SDRC na ração de cabras em lactação reduziu a concentração de NPN ruminal em comparação com o controle, sendo 47,08, 45,56, 44,22 e 40,91mg/dl para C, R_1, R_2 e R_3, respetivamente. No entanto, a diferença não foi significativa ($P>0,05$) entre C e R_1, mas foi significativa ($P<0,05$) entre C e os outros dois grupos (R_2 e R_3). Estes resultados podem ser ilustrados com base no facto de o SDRC conter menos proteínas degradáveis do que o feno de trevo (Khattab *et al.,* 1996). Os valores da concentração ruminal de NPN aumentaram gradualmente com o tempo após a alimentação. O valor mais baixo foi registado antes da alimentação (36,95 mg/dl), depois o valor mais elevado foi registado 3 horas após a alimentação (52,50 mg/dl) e voltou a diminuir em

Tabela 7. **Efeito da alimentação com rações experimentais na concentração ruminal de azoto não proteico (mg/dl) de cabras em lactação**

Experimental rations	Sampling time (hrs)			Mean	± SE
	0	3	6		
C	35.16	60.32	45.77	47.08^{a}	4.008
R_1	39.39	51.21	46.08	45.56^{ab}	1.581
R_2	39.56	48.93	44.18	44.22^{b}	1.545
R_3	33.67	49.54	39.51	40.91^{c}	1.539
Mean	36.95^{c}	52.50^{a}	43.88^{b}		
± SE	0.919	2.427	1.680		

a, b, c As médias com diferentes sobrescritos são significativas (P<0,05).

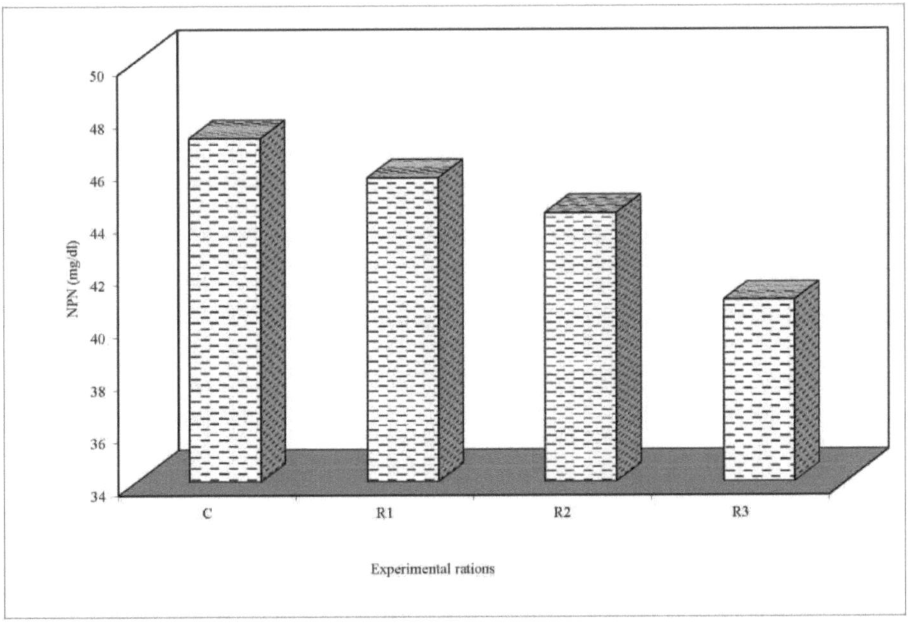

Fig. 8 . Efeito da alimentação com rações experimentais na concentração ruminal de azoto não proteico (mg/dl) de cabras em lactação

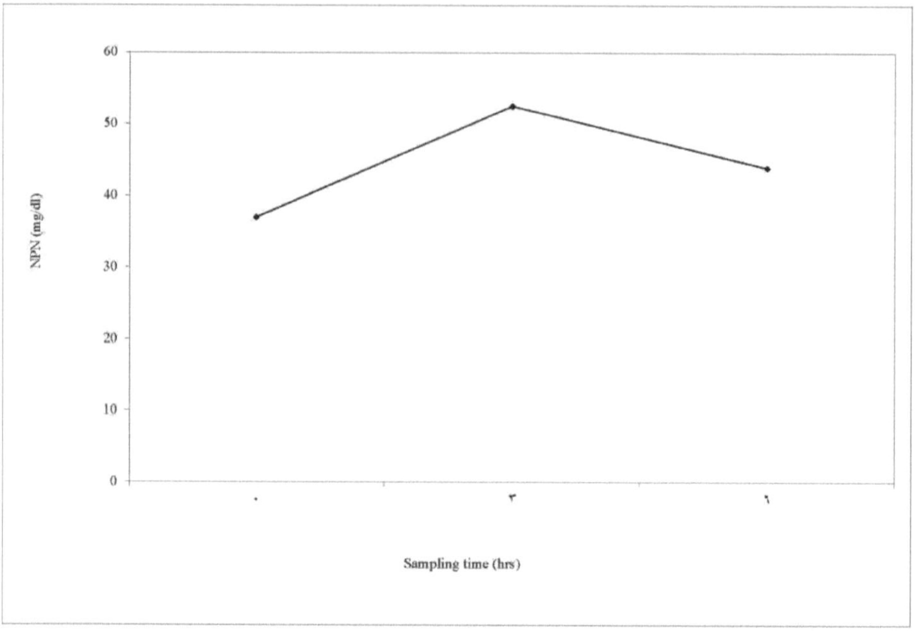

Fig. 9. Efeito do tempo de amostragem na concentração de azoto não proteico no rúmen (mg/dl) de cabras em lactação

6 horas para atingir 43,88 mg/dl. Estes resultados estão de acordo com os de Kholif (2001), segundo o qual o valor mais baixo de NPN no licor ruminal foi registado no momento zero (antes da alimentação) e aumentou depois de 3 horas após a alimentação. Também Singer (2002) verificou que, à medida que o tempo avançava, a concentração de NPN aumentava gradualmente. Os valores estavam dentro da gama normal (Fig. 9).

e. Concentração de azoto total (TN) no rúmen:

Os dados da Tabela (8) e da Fig. (10) indicam que o uso de SDRC na ração de cabras em lactação reduziu a concentração de TN ruminal em comparação com o controle, sendo 113,51, 106,89, 97,46 e 93,65 mg/dl para C, R1, R2 e R3, respetivamente. Houve uma diferença significativa ($P<0,05$) entre C e os outros grupos. Estes resultados podem estar relacionados com a presença de proteínas pouco degradáveis no SDRC (Khattab *et al.*, 1996).

Os valores da concentração de TN no rúmen aumentaram gradualmente com o tempo após a alimentação. O valor mais baixo foi registado antes da alimentação (85,68 mg/dl), ao passo que o valor mais elevado foi registado 3 horas após a alimentação (123,18 mg/dl), tendo depois diminuído novamente às 6 horas para atingir 99,50 mg/dl. Estes resultados estão de acordo com os relatados por Singer (2002) e Khattab *et al.* (2006), segundo os quais a concentração de TN aumentou gradualmente com o progresso do tempo, mas os valores estão dentro do intervalo normal (Fig. 11).

Tabela 8. Efeito da alimentação com rações experimentais na concentração de azoto total no rúmen (mg/dl) de cabras em lactação

Experimental rations	Sampling time (hrs)			Mean	± SE
	0	3	6		
C	91.66	137.89	110.97	113.51^{a}	7.573
R_1	89.57	128.23	102.86	106.89^{b}	4.182
R_2	85.89	112.91	93.58	97.46^{c}	5.286
R_3	75.59	113.68	90.58	93.65^{d}	5.122
Mean	85.68^{c}	123.18^{a}	99.50^{b}		
± SE	3.833	4.979	3.896		

a, b, c, d médias com diferentes sobrescritos são significativas (P<0,05).

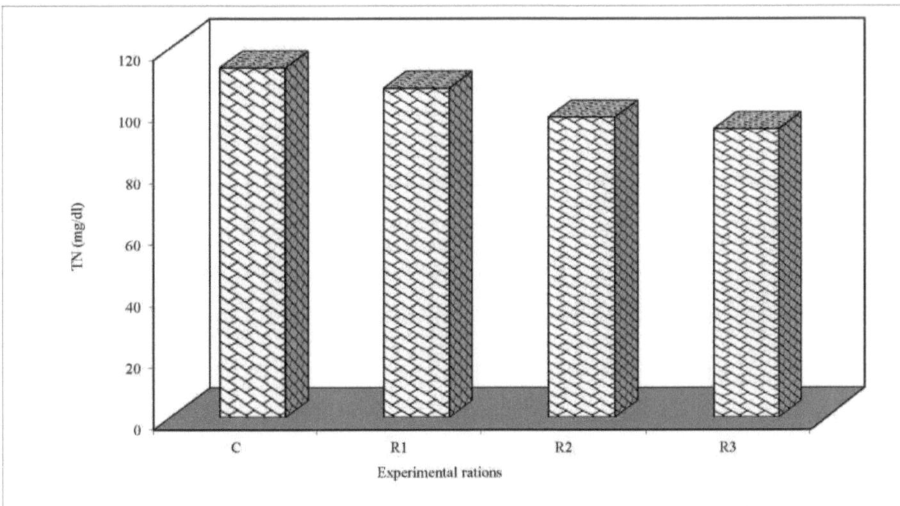

Fig. 10. Efeito da alimentação com rações experimentais na concentração de azoto total no rúmen (mg/dl) de cabras em lactação

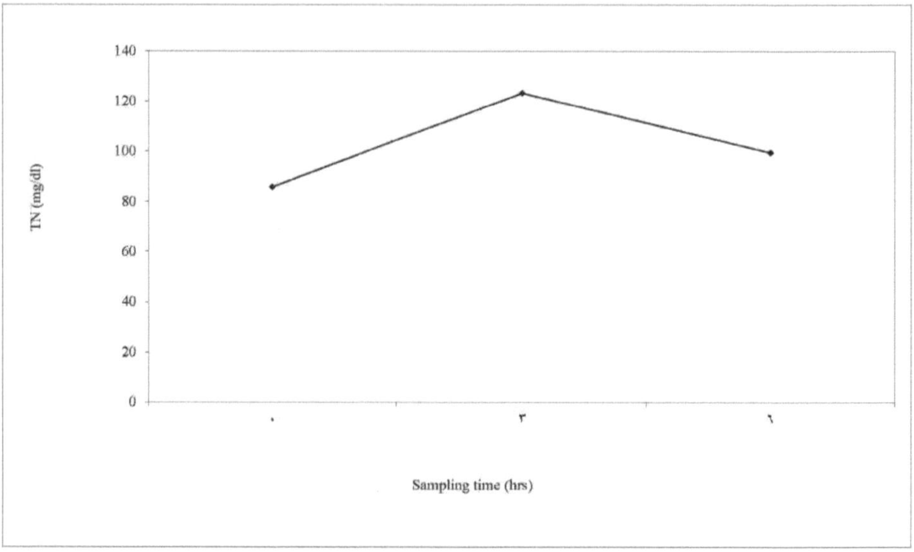

Fig. 11. Efeito do tempo de amostragem na concentração de azoto total no rúmen (mg/dl) de cabras em lactação

f. Concentração de azoto proteico verdadeiro (NMP verdadeiro)

Os valores médios do azoto proteico verdadeiro do rúmen (NPR verdadeiro) nas diferentes rações experimentais, nas diferentes épocas de amostragem das cabras em lactação, são apresentados no quadro (9) e na figura (12). Os valores de NPN verdadeiro foram calculados subtraindo os valores de NPN dos valores de TN. Assim, a mesma tendência para o NPN e o TN foi observada para o verdadeiro-PN, sendo 66,43, 61,33, 53,24 e 52,37mg/dl para C, R1, R2 e R3, respetivamente. No entanto, a diferença não foi significativa (P>0,05) entre R2 e R3, mas foi significativa (P<0,05) entre o controlo e os outros grupos.

Os presentes resultados indicaram um decréscimo significativo (P<0,05) nos valores do azoto proteico verdadeiro com o aumento do nível de SDRC nas rações, em comparação com o controlo. Esta diminuição gradual dos valores de azoto proteico verdadeiro pode provavelmente estar relacionada com a diminuição gradual da ingestão de proteínas à medida que o nível de SDRC foi aumentado (Khattab *et al.*, 1996 e Kholif, 2008).

Os valores da concentração ruminal de NMP verdadeiro aumentaram significativamente (P<0,05) com o tempo após a alimentação. Enquanto o valor mais baixo foi detectado antes da alimentação (48,73 mg/dl), o valor mais elevado foi registado 3 horas após a alimentação (70,67 mg/dl) e voltou a diminuir 6 horas depois, atingindo 55,61 mg/dl. Estes resultados estão de acordo com os relatados por Singer (2002) e Khattab *et al.* (2006), segundo os quais a concentração de (NMP-verdadeiro) aumentou gradualmente com o progresso do tempo, mas os valores estão dentro do intervalo normal (Fig. 13).

Tabela 9. Efeito da alimentação com rações experimentais na concentração de proteínas verdadeiras no rúmen (mg/dl) de cabras em lactação

Experimental rations	Sampling time (hrs)			Mean	± SE
	0	3	6		
C	56.50	77.57	65.21	66.43^{a}	5.554
R_1	50.18	77.02	56.78	61.33^{b}	3.160
R_2	46.34	63.98	49.40	53.24^{c}	4.159
R_3	41.91	64.14	51.07	52.37^{c}	4.708
Mean	48.73^{c}	70.67^{a}	55.61^{b}		
± SE	3.430	3.996	3.480		

a, b, c as médias com diferentes sobrescritos são significativas (P<0,05)

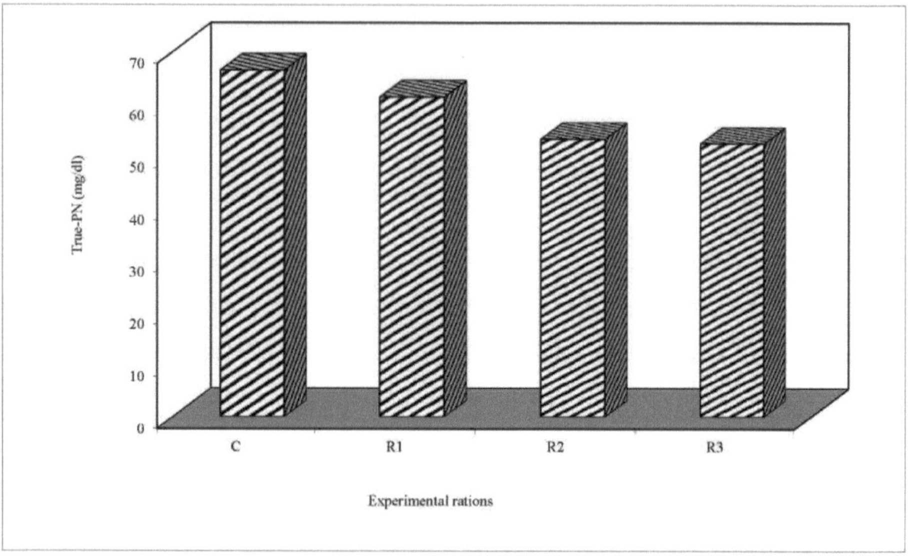

Fig. 12 . Efeito da alimentação com rações experimentais na concentração de proteínas verdadeiras no rúmen (mg/dl) de cabras em lactação

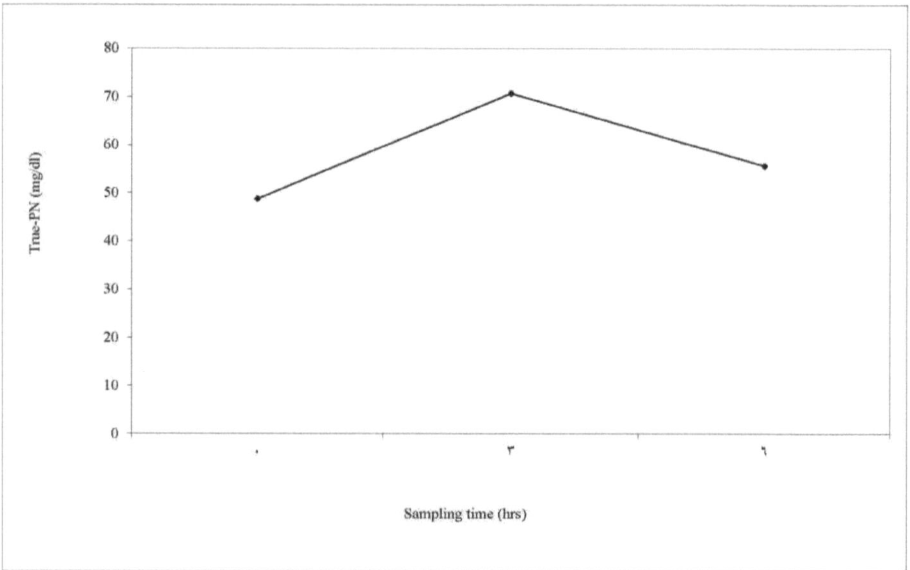

Fig. 13 . Efeito do tempo de amostragem na concentração de azoto proteico verdadeiro no rúmen (mg/dl) de cabras em lactação

4. Efeito da alimentação com rações experimentais em alguns parâmetros do soro sanguíneo

a. Proteínas totais no soro

Os valores médios da proteína total do soro sanguíneo (g/dl) nas diferentes rações experimentais, nas diferentes épocas de amostragem das cabras em lactação, estão representados na Tabela (10) e na Fig. (14). Os resultados mostraram que a média do teor de proteínas totais no soro era de 7,65, 7,10, 7,23 e 7,14 g/dl para C, R1, R2 e R3, respetivamente. As proteínas totais do soro na ração de controlo aumentaram significativamente ($P<0,05$) em comparação com as rações que continham SDRC, mas não houve diferenças significativas ($P>0,05$) entre R1, R2 e R3. Khattab *et al.* (1996), Singer (2002), Khattab *et al.* (2006) e Kholif (2008) descobriram que

As proteínas totais do soro aumentaram ligeiramente entre as rações que continham SDRC e as rações de controlo. Os valores da proteína total sérica aumentaram gradualmente com o tempo após a alimentação para todos os grupos. Estas diferenças não foram significativas ($P>0,05$). Os valores da proteína total sérica estão dentro dos limites normais.

b. Albumina sérica

Os dados do Quadro (10) e da Fig. (14) indicam que houve uma diminuição significativa ($P<0,05$) da albumina sérica quando se adicionou SDRC à ração das cabras em comparação com o controlo, sendo de 3,55, 3,37, 3,33 e 3,17g/dl para C, R1, R2 e R3, respetivamente. Esta depressão diminuiu gradualmente com o aumento do nível de SDRC na ração. O aumento da albumina sérica nas cabras alimentadas com a ração de controlo pode dever-se ao aumento da proteína bruta digestível (PCD). Estes resultados estão de acordo com os de Kholif (2008), mas os valores da albumina sérica estão dentro dos limites normais.

Tabela 10. Efeito da alimentação com rações experimentais em alguns parâmetros do soro sanguíneo de cabras em lactação

Items	Sampling times (hrs)	Experimental rations			
		C	R_1	R_2	R_3
Serum total protein (g/dl)	**0**	7.22	6.70	6.86	6.75
	4	8.07	7.50	7.59	7.53
	mean	7.65^{a}	7.10^{b}	7.23^{b}	7.14^{b}
Serum albumin (g/dl)	**0**	3.27	3.26	3.23	2.98
	4	3.82	3.84	3.43	3.36
	mean	3.55^{a}	3.37^{b}	3.33^{b}	3.17^{c}
Serum globulin (g/dl)	**0**	3.95	3.44	3.64	3.77
	4	4.25	4.02	4.16	4.17
	mean	4.10	3.73	3.90	3.97
Serum A/G ratio	**0**	0.83	0.95	0.89	0.79
	4	0.90	0.87	0.83	0.81
	mean	0.87	0.91	0.86	0.80
Serum glucose (mg/dl)	**0**	63.55	62.26	61.09	60.24
	4	70.04	69.59	67.74	66.39
	mean	66.80^{a}	65.92^{ab}	64.42^{ab}	63.32^{b}
Serum cholesterol (mg/dl)	**0**	55.17	56.30	56.25	54.75
	4	65.60	67.53	67.29	76.50
	mean	60.39	61.91	61.77	65.63

a, b, c as médias com diferentes sobrescritos são significativas (P<0,05)

c. Globulina sérica

Os dados da Tabela (10) e da Fig. (14) indicam que não houve diminuição significativa (P>0,05) da globulina sérica em cabras alimentadas com rações com SDRC em comparação com o controlo, sendo 4,10, 3,73, 3,90 e 3,97 g/dl para C, R1, R2 e R3, respetivamente. Estes resultados estão de acordo com os de Khattab *et al.* (2006) e Kholif (2008), segundo os quais a globulina sérica não diferiu significativamente (P>0,05) entre as rações que continham SDRC e o controlo. Os valores de globulina sérica estão dentro da faixa normal.

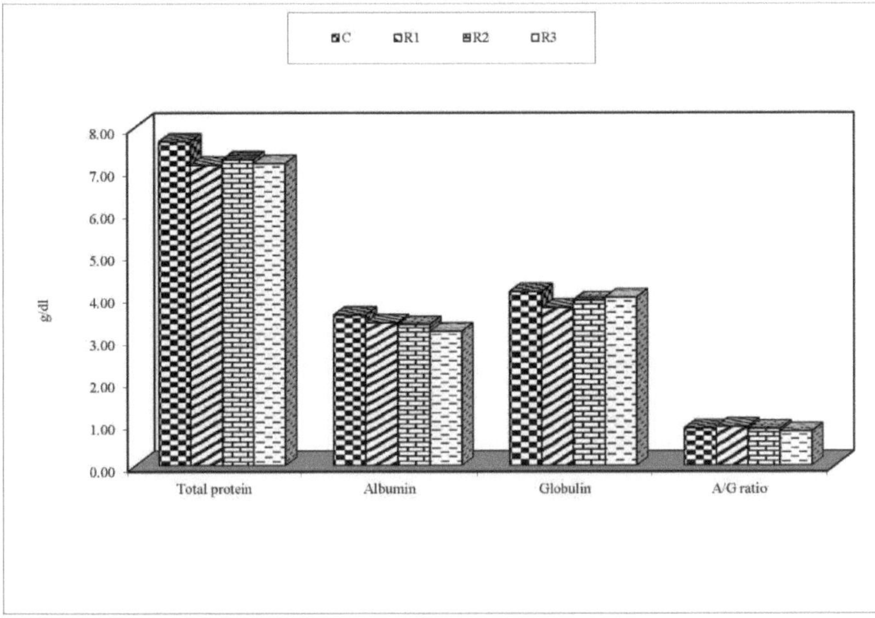

Fig. 14 . Efeito da alimentação com rações experimentais sobre as proteínas totais, a albumina, a globulina e a relação A/G do soro sanguíneo de cabras em lactação

d. Rácio albumina: globulina sérica (A/G)

Os dados da Tabela (10) e da Fig. (14) indicam que não houve diminuição significativa (P>0,05) na relação A/G sérica em cabras alimentadas com rações com SDRC em comparação com o controlo, sendo 0,87, 0,91, 0,86 e 0,80, para C, R1, R2 e R3, respetivamente. Estes resultados estão de acordo com os de Khattab *et al.* (2006) e Kholif (2008), segundo os quais a relação A/G sérica não diferiu significativamente (P>0,05) entre as rações que continham SDRC e o controlo. Os valores da razão A/G estão dentro da faixa normal.

e. Glicose sérica

Os dados da glucose sérica das cabras em lactação que receberam as diferentes rações experimentais estão resumidos na Tabela (10) e na Fig. (15). Não houve diferenças significativas (P>0,05) entre C, R1 e R2, sendo 66,80, 65,92 e 64,42 mg/dl, respetivamente. Enquanto o R3 diminuiu significativamente (P<0,05) a glucose no soro sanguíneo (63,32 mg/dl) em comparação com o controlo. No entanto, as diferenças entre as rações SDRC não foram significativas (P>0,05). A glucose no soro sanguíneo diminuiu à medida que o nível de SDRC diminuiu. Estes resultados podem dever-se à diminuição paralela da concentração ruminal de AGTL (Quadro 5). Estes resultados são compatíveis com

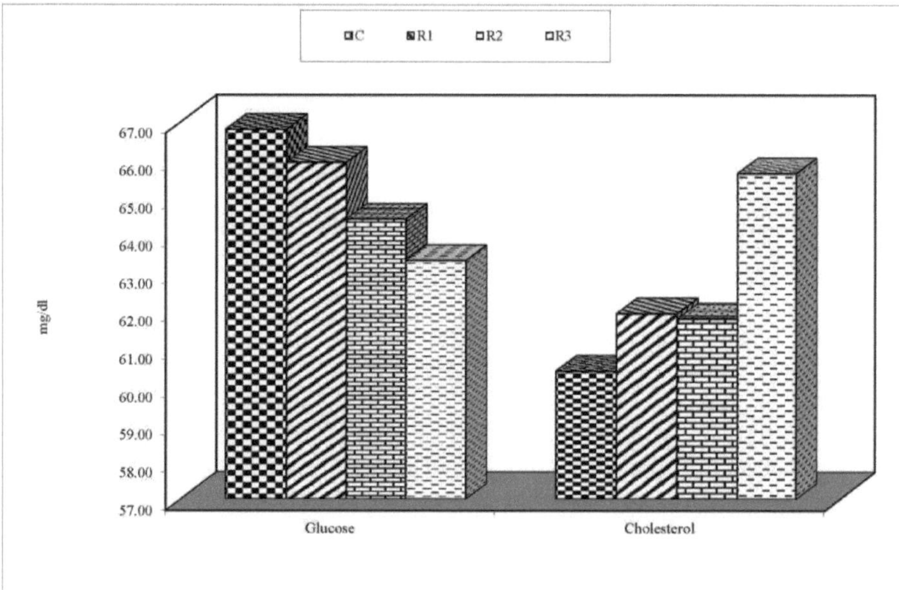

Fig. 15. Efeito das rações experimentais sobre a glucose e o colesterol no soro sanguíneo de cabras em lactação

a conclusão de Kholif (2008) de que a glucose sérica era ligeiramente mais elevada na ração de controlo em comparação com as rações que continham SDRc, mas os valores da glucose sérica estão dentro dos limites normais.

f. Colesterol sérico

Os dados relativos ao colesterol no soro sanguíneo de cabras em lactação que receberam as diferentes rações experimentais, como se mostra na Tabela (10) e na Fig. (15), indicam que não houve diferenças significativas (P>0,05) entre c, R1, R2 e R3, sendo 60,39, 61,91, 61,77 e 65,63 mg/dl, respetivamente. Houve um aumento gradual do colesterol sérico no sangue com o aumento do nível de SDRC nas rações, mas os valores do colesterol sérico estão dentro da faixa normal.

g. Azoto ureico sérico

Está bem estabelecido que o azoto ureico é formado no fígado a partir do catabolismo das proteínas através do ciclo da ornitina, da citrulina e da arginina. A ureia representa o principal produto final do catabolismo das proteínas. Esta substância não tem normalmente qualquer função útil no organismo para além de uma possível ação diurética ligeira e é excretada quase inteiramente pelos rins. O efeito da alimentação experimental com rações sobre o azoto ureico sérico das cabras em lactação é mostrado no quadro (11) e na figura (16). Os valores do azoto ureico sérico foram: 21,45, 21,00, 20,80 e 25,95 (g/dl) para o controlo, R1, R2 e R3, respetivamente. Não houve diferenças significativas (P>0,05) entre os grupos na média da concentração de azoto ureico no soro. O R3 registou uma concentração ligeiramente mais elevada de azoto ureico sérico em comparação com os outros grupos, mas os valores do azoto ureico sérico estão dentro dos limites normais. Khattab *et al.* (1996), Singer (2002) e Khattab *et al.* (2006) verificaram que as rações que continham SDRC não diferiam no teor de azoto ureico sérico em comparação com a ração de controlo.

h. Creatinina sérica

Os efeitos das rações experimentais sobre a creatinina sérica das cabras em lactação são apresentados no quadro (11) e na figura (17). A média da creatinina sérica variou entre 0,31 mg/dl em R2 e 0,47 mg/dl em R3. Não houve diferenças significativas (P>0,05) entre os grupos na média da creatinina sérica.

De um modo geral, o nível de creatinina sérica é um indicador útil da filtração glomerular no rim. Os dados indicam que os valores da creatinina sérica das cabras experimentais estão dentro dos limites normais.

Quanto aos resultados das concentrações séricas de azoto ureico e de creatinina, é evidente que os animais experimentais não se encontravam em situação de catabolismo e que a função renal não foi afetada negativamente pela alimentação com SDRC. Consequentemente, os animais encontravam-se em boas condições fisiológicas e nutricionais.

Tabela 11. Efeito da alimentação com rações experimentais nas funções do rim e do fígado

Items	Sampling times (hrs)	Experimental rations			
		C	R_1	R_2	R_3
Serum urea (g/dl)	**0**	17.80	18.50	19.50	23.40
	4	25.10	23.50	22.10	28.50
	mean	21.45	21.00	20.80	25.95
Serum creatinine (mg/dl)	**0**	0.43	0.44	0.31	0.35
	4	0.23	0.43	0.32	0.59
	mean	0.33	0.44	0.31	0.47
Serum AST (U/dl)	**0**	12.25	16.50	11.75	9.50
	4	15.75	24.25	14.00	13.75
	mean	14.00[b]	20.38[a]	12.88[b]	11.63[b]
Serum ALT (U/dl)	**0**	17.25	18.75	13.75	13.75
	4	19.25	21.75	14.75	18.75
	mean	18.25[ab]	20.25[a]	14.25[c]	16.25[bc]

a, b, c as médias com diferentes sobrescritos são significativas (P<0,05)

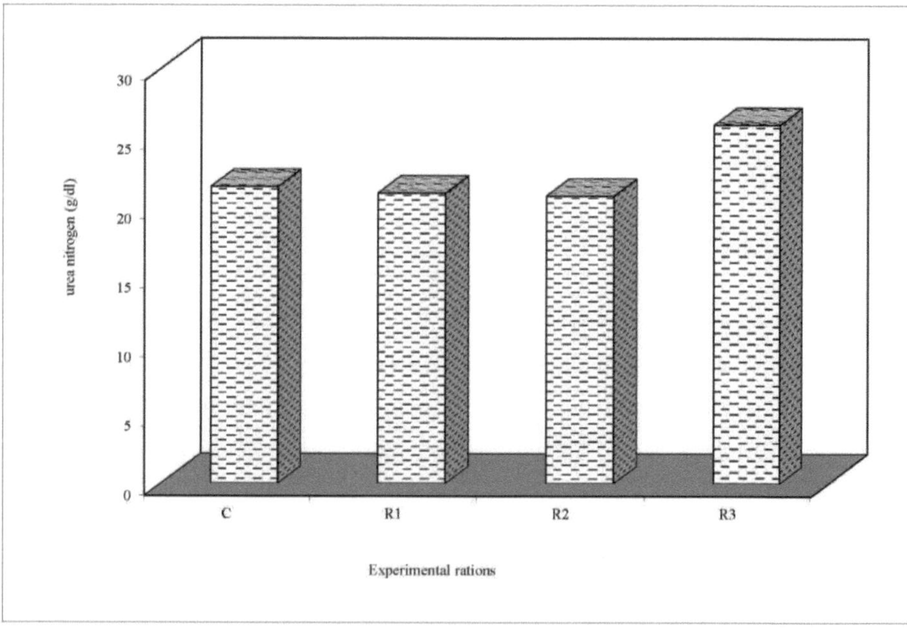

Fig. 16 . Efeito da alimentação com rações experimentais no azoto ureico sérico do sangue de cabras em lactação

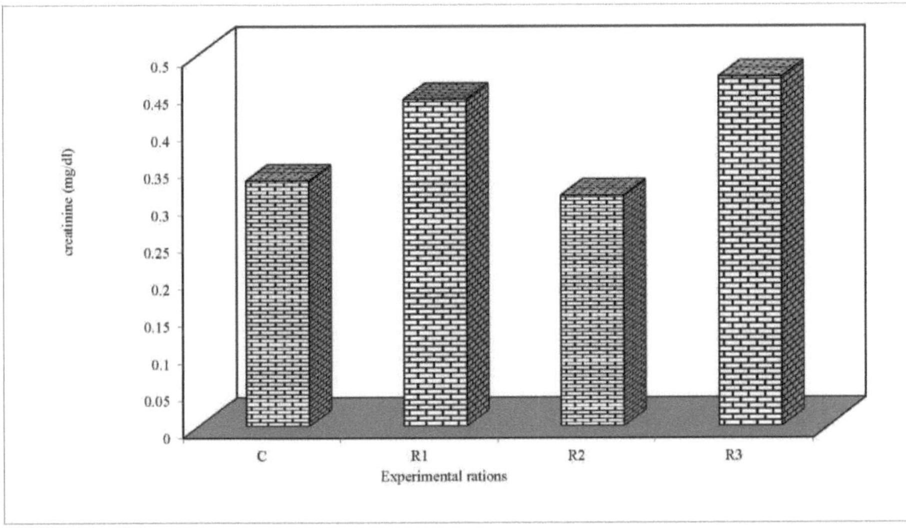

Fig. 17 . Efeito da alimentação com rações experimentais na creatinina sérica de cabras em lactação

i. Aspartato aminotransferase (AST)

A AST sérica das cabras em lactação que receberam as diferentes rações experimentais é apresentada no quadro (11) e na figura (18). As transaminases catalisam a transferência de um grupo amino (NH_2) de um alfa-aminoácido para um alfa-cetoácido, formando um novo aminoácido e cetoácido (Maxine, 1984). A AST é o indicador mais importante da atividade hepática. Os valores da AST sérica foram: 14,00, 20,38, 12,88 e 11,63 (U/dl) para C, R1, R2 e R3, respetivamente. Os valores da AST sérica estão dentro dos limites normais. A diferença entre C e R1 foi significativa (P<0,05), enquanto não foi significativa (P>0,05) entre os grupos de controlo e os outros grupos. Estes resultados estão de acordo com os de Singer (2002), segundo os quais a AST no soro sanguíneo aumentou na ração SDRC em comparação com o grupo de controlo.

j. Alanina aminotransferase (ALT)

A ALT sérica das cabras em lactação que receberam as diferentes rações experimentais é mostrada na Tabela (11) e na Fig. (18). Os valores da ALT sérica foram: 18,25, 20,25, 14,25 e 16,25 (U/dl) para C, R1, R2 e R3, respetivamente. As diferenças entre C e R1 não foram significativas (P>0,05), enquanto que foram significativas (P<0,05) entre o controlo e os outros grupos. Estes resultados estão de acordo com Khattab *et al.* (1996), segundo os quais os animais que receberam uma ração com 25% de SDRC registaram o valor mais baixo (P<0,05) de ALT sérica, enquanto que o valor mais alto (P<0,05) foi registado com 50% de SDRC. No entanto, Singer (2002) não detectou qualquer diferença na concentração de ALT no soro entre a ração com conteúdo ruminal seco e a ração de controlo.

Os valores de AST e ALT estão dentro da gama normal e indicam uma atividade normal dos tecidos hepáticos dos animais. Consequentemente, o SDRC pode ser utilizado em rações para caprinos sem qualquer efeito adverso sobre as funções hepáticas.

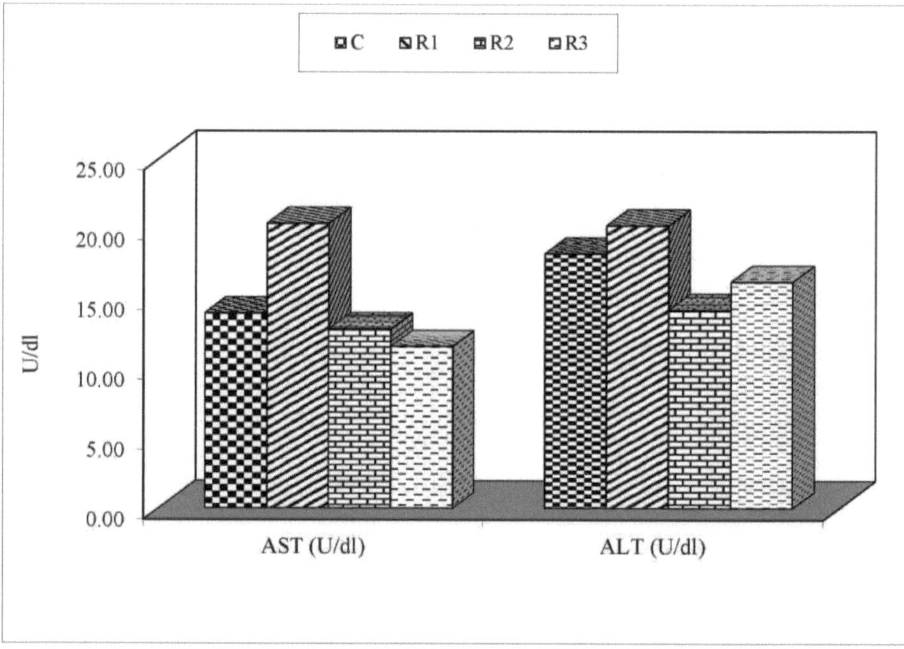

Fig. 18 . Efeito da alimentação com rações experimentais sobre as funções hepáticas de cabras em lactação

5. Efeito da alimentação com rações experimentais na produção e composição do leite a. Produção de leite

A produção de leite (g/h/d) das cabras em lactação que receberam as diferentes rações experimentais é mostrada na Tabela (12) e na Fig. (19). Houve diferenças significativas (P<0,05) entre o grupo de controlo e os outros grupos. O grupo de controlo registou a maior produção de leite, com 510,39 g/h/d, seguido do R1 e do R2, com 473,76 e 416,79 g/h/d. O valor mais baixo foi detectado no R3, com 413,07 g/h/d.

A produção de leite diminuiu gradualmente (P<0,05) com o aumento do nível de SDRC nas rações das cabras em lactação; a taxa de redução foi de 7,18, 18,34 e 19,07 % para R1, R2 e R3, respetivamente, em comparação com o controlo. Esta redução pode dever-se a um dos seguintes factores

Tabela 12. Efeito das rações experimentais na produção de leite das cabras em lactação

periods	Experimental rations				mean	± SE
	C	R_1	R_2	R_3		
I	514.21	554.29	588.14	296.18	488.20^{a}	23.781
II	371.52	477.30	445.82	568.43	465.77^{b}	14.773
III	650.16	344.00	419.90	371.52	446.40^{c}	25.229
IV	505.68	519.44	213.28	416.16	413.64^{d}	25.547
Mean	510.39^{a}	473.76^{b}	416.79^{c}	413.07^{c}		
± SE	20.602	16.678	27.930	20.790		

a, b, c, d As médias com diferentes sobrescritos são significativas (P<0,05).

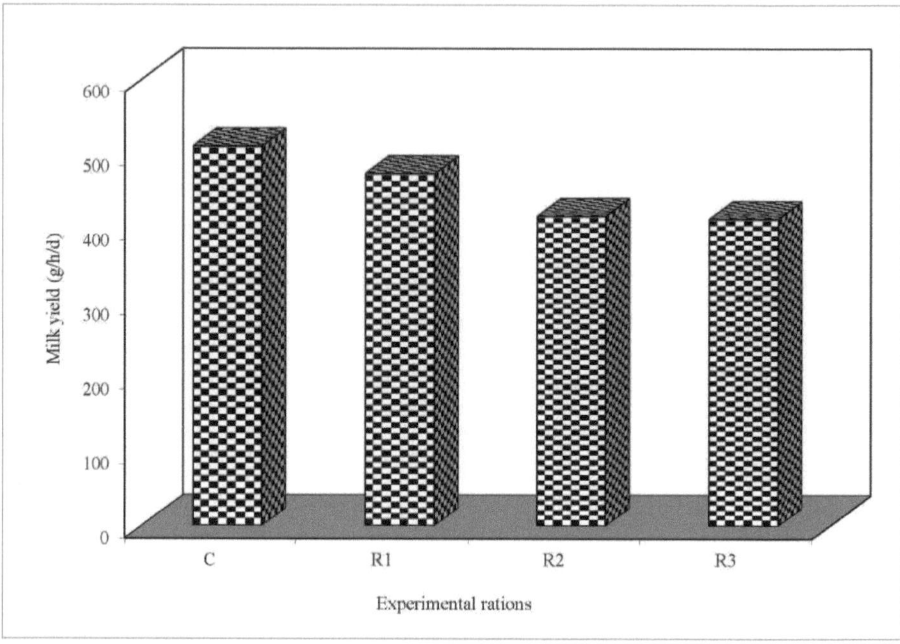

Fig. 19 . Efeito das rações experimentais na produção de leite das cabras em lactação

maior teor de AGTL's no rúmen do animal que recebeu a ração de controlo (quadro 5) ou / e menor digestibilidade dos nutrientes, TDN e DCP dos grupos R1, R2 e R3 (quadro 3)

Estes resultados estão de acordo com Kholif (2008), que verificou que a produção de leite diminuiu nos animais alimentados com rações contendo SDRC.

A partir dos dados obtidos neste estudo, verificou-se uma relação entre a produção de leite e a glucose sérica, em que R1, R2 e R3 registaram uma menor produção de leite e valores mais baixos de glucose sérica, em comparação com o controlo, que registou uma maior produção de leite e uma glucose sérica mais elevada (Quadro 9). Estes resultados estão de acordo com os de Clark *et al.* (1977), que observaram uma relação entre a glucose no soro sanguíneo e a produção de leite.

Os dados da Tabela (12) mostram que o valor mais alto (P<0,01) de produção de leite foi registado no primeiro período de lactação e depois diminuiu gradualmente com o avanço da lactação. Os valores da produção de leite foram: 488,20, 465,77, 446,40 e 413,64 g/h/d para I, II, III e IV períodos de lactação, respetivamente, a mesma tendência foi observada por Kholif (2001).

b. Rendimento do leite corrigido para a gordura (4%FCM)

Os dados do quadro (13) e da figura (20) mostram uma superioridade significativa (P<0,05) do grupo de controlo sobre os grupos R1, R2 e R3 na produção de leite de cabra Baladi em lactação. O mesmo efeito das rações com SDRC sobre a produção de leite foi observado na produção de 4% de FCM, que diminuiu linearmente com o aumento de SDRC nas rações. Verificou-se um decréscimo de 6,99, 18,12 e 18,53% na produção de 4% de MCA, respetivamente para R1, R2 e R3, em comparação com o controlo. Este resultado está de acordo com as conclusões de Kholif (2008), segundo as quais a FCM a 4% diminuiu nas rações com SDRC.

Além disso, os dados do quadro (13) indicam que a produção de 4% de MCA diminuiu gradualmente com o avanço da lactação. O primeiro período de lactação (I) registou o valor mais elevado de 4% de produção de MCA, com 407,35 g/h/d, tendo depois diminuído gradualmente para atingir 398,01, 388,65 e 383,01 g/h/d nos períodos II, III e IV de lactação, respetivamente.

Tabela 13. Efeito da alimentação com rações experimentais na produção de leite corrigido para a gordura de cabras em lactação

periods	Experimental rations				Mean	± SE
	C	R_1	R_2	R_3		
I	435.07	410.17	475.80	308.40	407.36^{a}	13.501
II	373.38	400.22	335.48	483.16	398.06^{ab}	12.516
III	540.45	342.28	371.88	300.00	388.65^{bc}	19.334
IV	420.98	494.12	266.60	350.71	383.10^{c}	18.130
Mean	442.47^{a}	411.70^{b}	362.44^{c}	360.57^{c}		
± SE	13.519	11.935	15.988	16.348		

a, b, c As médias com diferentes sobrescritos são significativas (P<0,05).

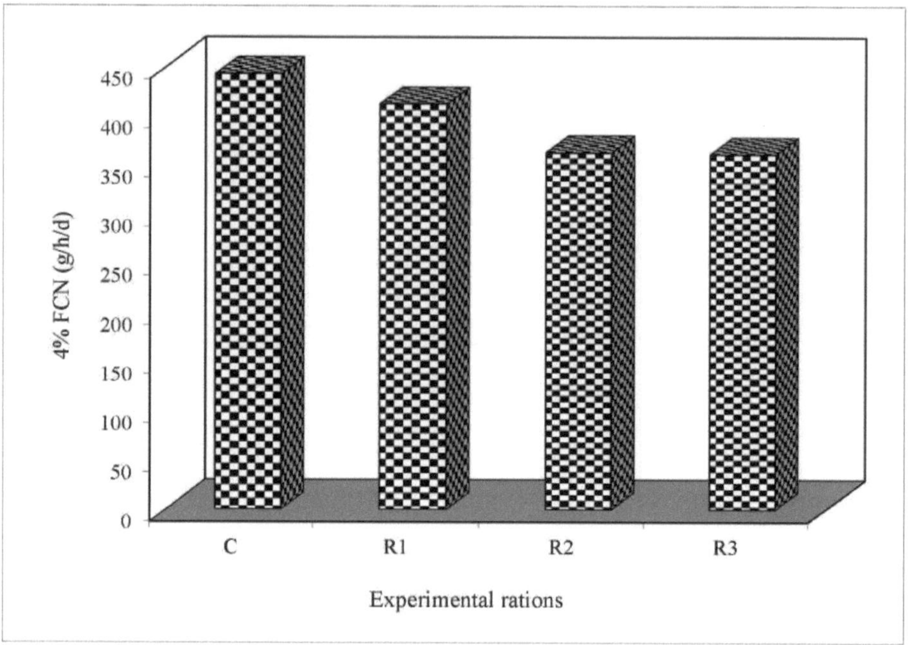

Fig. 20 . Efeito da alimentação com rações experimentais no rendimento de 4%FCM de cabras em lactação

c. Composição do leite

1. Sólidos totais do leite

Os dados da Tabela (14) e da Fig. (21) mostram que não houve diferenças significativas (P>0,05) entre os grupos na porcentagem de sólidos totais, sendo 11,57, 11,67, 11,85 e 11,87 % para C, R1, R2 e R3, respetivamente. Houve um aumento gradual dos sólidos totais do leite com o aumento do nível de SDRC nas rações.

Por outro lado, houve diferenças significativas (P<0,05) entre o grupo de controlo e os outros grupos na produção de sólidos totais do leite, sendo 58,92, 54,95, 48,07 e 49,34 g/h/d para C, R1, R2 e R3, respetivamente. Este resultado pode ser devido à maior produção de leite na ração de controlo do que nas outras rações. O aumento do nível de SDRC na ração levou a uma diminuição da produção de sólidos totais do leite, como se pode ver na Tabela (14). Estas diminuições podem estar relacionadas com a redução da produção de leite com o aumento do nível de SDRC nas rações.

A percentagem mais elevada de sólidos totais do leite (12,07%) foi observada no período IV de lactação e a mais baixa (11,48%) foi detectada no período I. As diferenças na percentagem de sólidos totais do leite entre os diferentes períodos não foram significativas (P>0,05), enquanto que foram significativas (P<0,05) entre o período IV e os outros períodos de lactação. Pelo contrário, a maior produção de sólidos totais do leite (55,49 g/h/d) foi registada no período I e a menor (48,68 g/h/d) foi registada no período IV. A diferença entre I e II não foi significativa (P>0,05) mas estes períodos diferem significativamente (P<0,05) em comparação com os períodos III e IV. Estes resultados estão de acordo com Kholif (2008), segundo o qual a produção dc sólidos totais diminui gradualmente com o avanço do período de lactação.

Tabela 14. Efeito da alimentação experimental com rações nos sólidos totais do leite de cabras em lactação

periods	Experimental rations				Mean	± SE
	C	R_1	R_2	R_3		
			(%)			
I	11.13	10.59	11.77	12.41	11.48^b	0.161
II	12.29	11.52	10.02	12.96	11.70^b	0.247
III	11.91	12.29	11.48	11.20	11.72^b	0.098
IV	10.95	12.29	14.15	10.90	12.07^a	0.309
Mean	11.57	11.67	11.85	11.87		
± SE	0.148	0.196	0.315	0.195		
			(g/h/h)			
I	57.22	58.72	69.25	36.76	55.49^a	2.488
II	45.67	54.98	44.67	73.66	54.74^a	2.469
III	77.44	42.27	48.19	41.61	52.38^b	3.075
IV	55.36	63.84	30.17	45.35	48.68^c	2.689
mean	58.92^a	54.95^b	48.07^c	49.34^c		
± SE	2.444	1.796	2.923	3.023		

a, b, c as médias com diferentes sobrescritos são significativas (P<0,05)

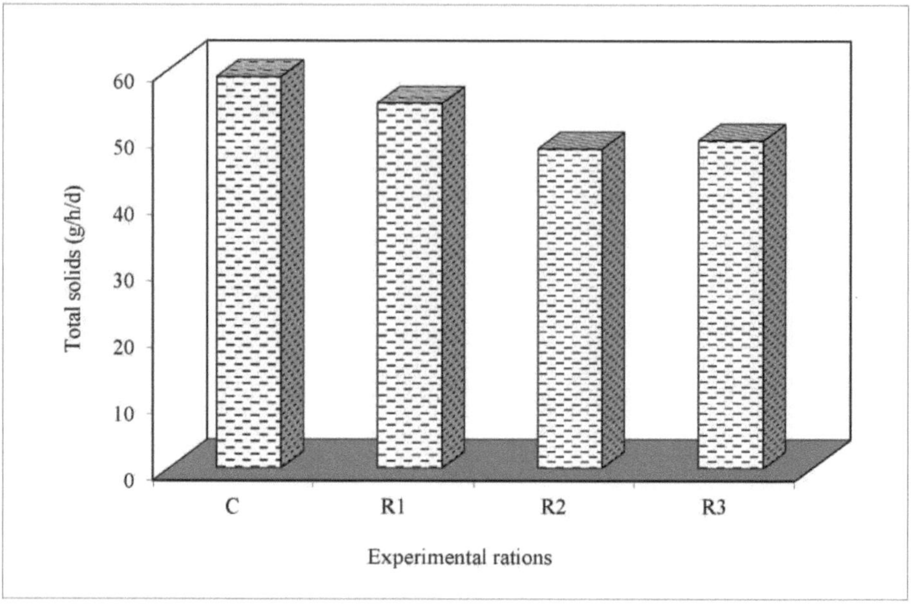

Fig. 21 . Efeito da alimentação com rações experimentais nos sólidos totais do leite de cabras em lactação

2. Gordura láctea

Os dados da Tabela (15) e da Fig. (22) mostram que houve diferenças significativas (P<0,05) entre os grupos na percentagem de gordura, sendo 3,19, 3,21, 3,50 e 3,24 % para C, R1, R2 e R3, respetivamente. Verificou-se um aumento do teor de gordura do leite nas rações SDRC em comparação com o controlo. Este resultado está de acordo com Kholif (2008), segundo o qual o teor de gordura (%) diminuiu no grupo de controlo em comparação com os outros grupos alimentados com rações SDRC. Por outro lado, houve diferenças significativas (P<0,05) entre o grupo de controlo e os outros grupos na produção de gordura do leite, sendo 15,89, 14,81, 13,05 e 13,02 g/h/d para C, R1, R2 e R3, respetivamente. Este resultado pode ser devido à maior produção de leite na ração de controlo do que na ração com SDRC. O aumento do nível de SDRC na ração diminuiu a produção de gordura do leite, como mostra a Tabela (15). Estas diminuições podem estar relacionadas com a redução da produção de leite com o aumento do nível de SDRC nas rações.

Tabela 15. Efeito da alimentação com rações experimentais na gordura do leite de cabras em lactação

periods	Experimental rations				Mean	± SE
	C	R_1	R_2	R_3		
			(%)			
I	2.97	2.27	2.73	4.28	3.06^b	0.170
II	4.03	2.92	2.35	3.00	3.08^b	0.144
III	2.88	3.97	3.24	2.72	3.20^b	0.107
IV	2.88	3.68	5.67	2.95	3.79^a	0.244
Mean	3.19^b	3.21^b	3.50^a	3.24^b		
± SE	0.113	0.148	0.275	0.154		
			(g/h/d)			
I	15.29	12.56	16.04	12.66	14.14	0.418
II	14.98	13.95	10.48	17.05	14.12	0.612
III	18.69	13.65	13.59	10.09	14.01	0.671
IV	14.58	19.09	12.09	12.28	14.51	0.653
Mean	15.89^a	14.81^b	13.05^c	13.02^c		
± SE	0.443	0.585	0.459	0.651		

a, b, c as médias com diferentes sobrescritos são significativas (P<0,05)

O maior teor de gordura do leite (3,79%) foi observado no período IV da lactação e o menor (3,06%) foi observado no período I. As diferenças na porcentagem de gordura do leite entre os diferentes períodos não foram significativas (P>0,05), enquanto que foram significativas (P<0,05) entre o período IV e os outros períodos de lactação. Este resultado está de acordo com Kholif (2008), segundo o qual o teor de gordura aumenta gradualmente com o avanço do período de lactação. Pelo contrário, o valor mais elevado de produção de gordura no leite (14,51 g/h/d) foi registado no período IV e o mais baixo (14,01 g/h/d) foi registado no período III. A variação entre todos os períodos não foi significativa (P>0,05).

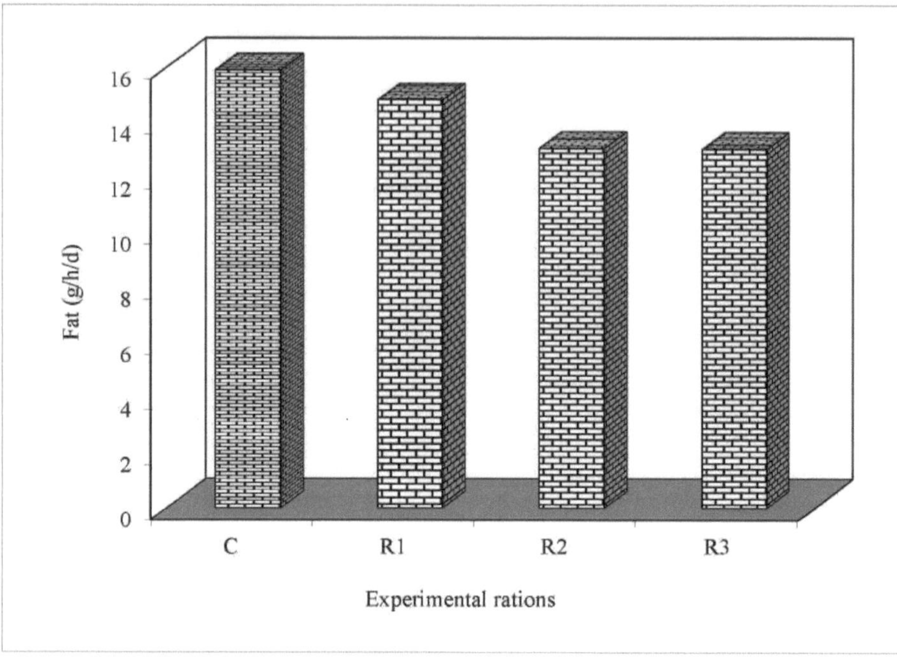

Fig. 22 . Efeito das rações experimentais na gordura do leite das cabras em lactação

3. Sólidos lácteos não gordos (SNF)

Os dados da Tabela (16) e da Figura (23) mostram que não houve diferenças significativas (P>0,05) entre os grupos na percentagem de sólidos sem gordura, sendo 8,38, 8,46, 8,36 e 8,63 % para C, R1, R2 e R3, respetivamente. Houve um aumento gradual dos sólidos totais do leite com o aumento do nível de SDRC nas rações, exceto na R2. Estes resultados estão de acordo com Kholif (2008), segundo o qual a percentagem de SNF não foi significativamente afetada entre os grupos de controlo e os outros grupos.

Por outro lado, houve diferenças significativas (P<0,05) entre o grupo de controlo e os outros grupos na produção de sólidos do leite e não de gordura, sendo 43,03, 40,14, 35,02 e 36,32 g/h/d para C, R1, R2 e R3 respetivamente. Este resultado pode ser devido à maior produção de leite na ração de controlo do que nas outras rações. O aumento do nível de SDRC na ração diminuiu os sólidos do leite e não a produção de gordura, como mostra a Tabela (16). Este resultado pode estar relacionado com a redução da produção de leite com o aumento do nível de SDRC nas rações. Estes resultados estão de acordo com Kholif (2008), segundo o qual a produção de SNF diminuiu nas rações que continham SDRC.

Tabela 16. Efeito das rações experimentais nos sólidos do leite e na gordura das cabras em lactação

periods	Experimental rations				Mean	± SE
	C	R_1	R_2	R_3		
			(%)			
I	8.15	8.33	9.05	8.14	8.42^{ab}	0.119
II	8.26	8.60	7.67	9.96	8.62^{a}	0.189
III	9.04	8.32	8.24	8.48	8.52^{ab}	0.093
IV	8.06	8.62	8.48	7.95	8.28^{b}	0.142
Mean	8.38	8.46	8.36	8.63		
± SE	0.118	0.122	0.123	0.189		
			(g/h/d)			
I	41.93	46.16	53.21	24.10	41.35^{a}	2.279
II	30.68	41.03	34.20	56.60	40.63^{a}	2.099
III	58.75	28.62	34.60	31.52	38.37^{b}	2.510
IV	40.78	44.75	18.08	33.07	34.17^{c}	2.198
Mean	43.03^{a}	40.14^{b}	35.02^{d}	36.32^{c}		
± SE	2.132	1.564	2.605	2.566		

a, b, c as médias com diferentes sobrescritos são significativas (P<0,05)

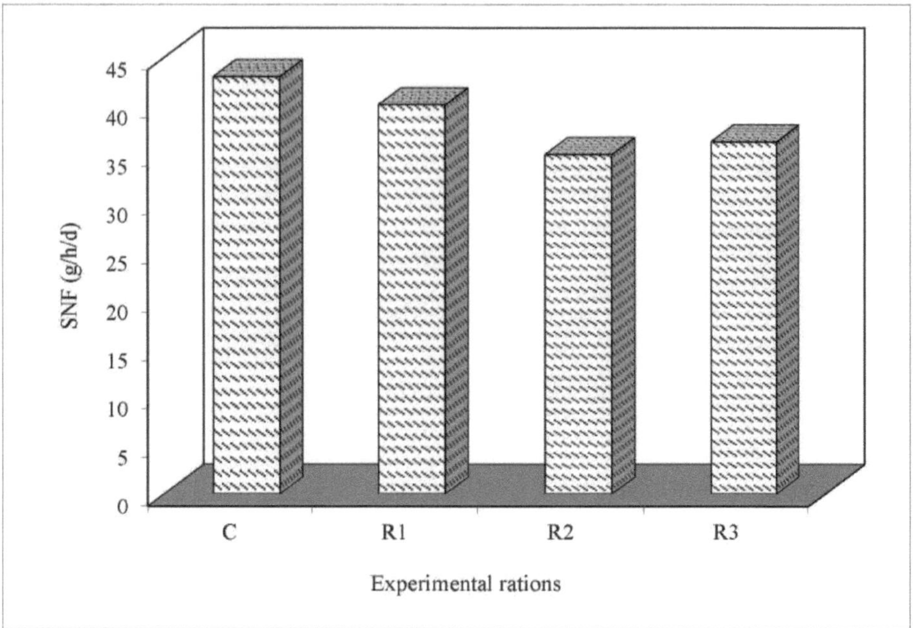

Fig. 23 . Efeito das rações experimentais nos sólidos do leite e na gordura das cabras em lactação

A percentagem mais elevada de sólidos do leite sem gordura (8,62%) foi observada no II período de lactação e a mais baixa (8,28%) foi detectada no IV período. As diferenças na percentagem de sólidos do leite sem gordura entre os diferentes períodos não foram significativas (P>0,05), enquanto foram significativas (P<0,05) entre o IV e os outros períodos de lactação. O valor mais alto da produção de sólidos do leite sem gordura (41,35 g/h/d) foi registado no período I e o mais baixo (34,17 g/h/d) foi registado no período IV. A diferença entre I e II não foi significativa (P>0,05) mas estes períodos diferem significativamente (P<0,05) dos períodos III e IV.

4. Proteínas do leite

Os dados da Tabela (17) e da Fig. (24) mostram que houve diferenças significativas (P<0,05) entre os grupos na porcentagem de proteína total do leite, sendo 3,06, 3,13, 2,97 e 2,67 % para C, R1, R2 e R3, respetivamente. Houve um aumento gradual dos sólidos totais do leite com o aumento do nível de SDRC nas rações, exceto na R1.

Por outro lado, houve diferenças significativas (P<0,05) entre o grupo de controlo e os outros grupos na produção de proteínas totais do leite, sendo 15,54, 14,82, 11,75 e 11,18 g/h/d para C, R1, R2 e R3, respetivamente. Este resultado pode ser devido à maior produção de leite na ração de controlo do que nas outras rações. O aumento do nível de SDRC na ração diminuiu a produção de sólidos do leite e não de gordura, como mostra a Tabela (17). Estas diminuições podem estar relacionadas com a redução da produção de leite com o aumento do nível de SDRC nas rações. Estes resultados estão de acordo com Kholif (2008), segundo o qual o rendimento proteico total diminuiu nas rações com SDRC.

A percentagem mais elevada de proteína total do leite (3,12%) foi registada no IV período de lactação e a mais baixa (2,72%) no I período. As diferenças na percentagem de proteína total do leite entre o III e o IV não foram significativas (P>0,05), enquanto foram significativas (P<0,05) entre o I e o II períodos de lactação. Estes resultados estão de acordo com Kholif (2008), segundo o qual o teor de proteínas totais aumenta gradualmente com o avanço dos períodos de lactação. O valor mais elevado de produção de proteínas totais do leite (13,75 g/h/d) foi registado no período II e o mais baixo (12,50 g/h/d) foi registado no período IV. A diferença entre I, II e III não foi significativa (P>0,05) mas estes períodos diferem significativamente (P<0,05) do IV e dos outros períodos. Os mesmos resultados foram registados por Kholif (2008).

Tabela 17. Efeito da alimentação com rações experimentais na proteína total do leite de cabras em lactação

periods	Experimental rations				mean	± SE
	C	R_1	R_2	R_3		
		(%)				
I	3.09	2.94	2.55	2.30	2.72^{c}	0.077
II	3.38	3.16	2.55	2.82	2.98^{b}	0.073
III	3.08	3.17	2.99	2.88	3.03^{ab}	0.027
IV	2.72	3.27	3.79	2.69	3.12^{a}	0.099
Mean	3.06^{a}	3.13^{a}	2.97^{b}	2.67^{c}		
± SE	0.058	0.049	0.108	0.054		
		(g/h/d)				
I	15.88	16.27	14.99	6.81	13.49^{a}	0.839
II	12.56	15.07	11.35	16.03	13.75^{a}	0.420
III	20.00	10.91	12.56	10.69	13.54^{a}	0.796
IV	13.73	17.00	8.08	11.20	12.50^{b}	0.706
Mean	15.54^{a}	14.82^{b}	11.75^{c}	11.18^{d}		
± SE	0.612	0.541	0.532	0.696		

a, b, c as médias com diferentes sobrescritos são significativas ($P<0,05$)

5. Lactose do leite

Os dados da Tabela (18) e da Fig. (25) mostram que houve diferenças significativas ($P<0,05$) entre os grupos na percentagem de lactose do leite, sendo 4,53, 4,24, 4,01 e 4,10 % para C, R_1, R_2 e R_3, respetivamente. Verificou-se uma diminuição do teor de lactose do leite nas rações SDRC em comparação com o controlo. É interessante notar que a percentagem de lactose nos diferentes grupos é paralela à glucose no sangue. Estes resultados estão de acordo com Kholif (2008).

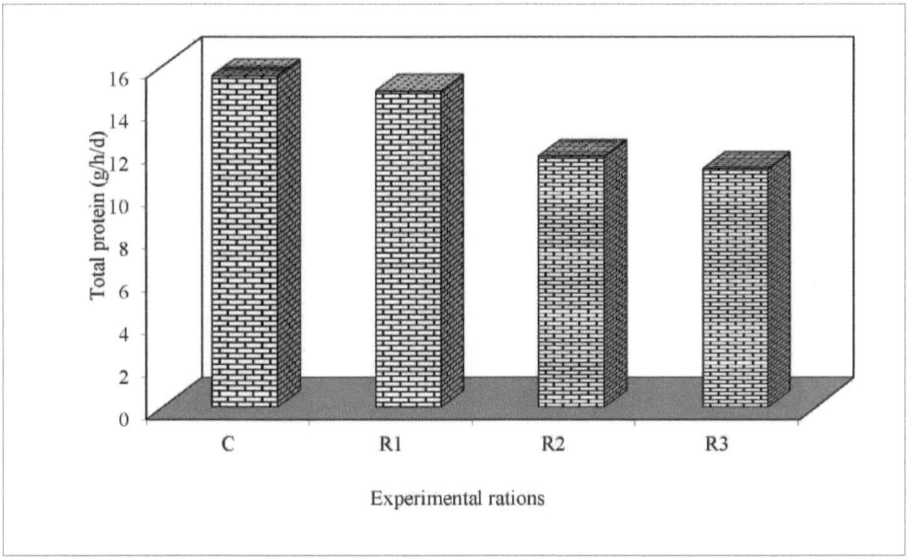

Fig. 24 . Efeito da alimentação com rações experimentais na proteína total do leite de cabras em lactação

Por outro lado, houve diferenças significativas ($P<0,05$) entre o controlo e os outros grupos na produção de lactose no leite, sendo 23,49, 20,39, 17,60 e 17,48 g/h/d para C, R1, R2 e R3, respetivamente. Este resultado pode ser devido à maior produção de leite na ração de controlo do que na ração com SDRC. O aumento do nível de SDRC na ração diminuiu a produção de lactose no leite, como mostra a Tabela (18). Estas diminuições podem estar relacionadas com a redução da produção de leite com o aumento do nível de SDRC nas rações.

A maior percentagem de lactose do leite (4,35%) foi observada no período I de lactação e a menor (4,05%) foi detectada no período IV. As diferenças na percentagem de lactose do leite entre todos os grupos foram significativas ($P<0,05$). Houve uma diminuição gradual da lactose do leite com o avanço dos períodos de lactação. Estes resultados estão de acordo com Kholif (2008). Enquanto que a maior produção de lactose do leite (22,06 g/h/d) foi registada no período I e a menor (17,44 g/h/d) foi registada no período IV. A diferença entre II e III não foi

A diferença entre II e III não foi significativa (P>0,05), mas estes períodos diferem significativamente (P<0,05) dos períodos I e IV.

Tabela 18. Efeito da alimentação com rações experimentais na lactose do leite de cabras em lactação

periods	Experimental rations				mean	± SE
	C	R_1	R_2	R_3		
	(%)					
I	4.64	4.72	4.93	3.11	4.35^{a}	0.135
II	3.91	4.40	4.10	4.74	4.29^{b}	0.100
III	5.01	3.60	3.98	4.16	4.19^{c}	0.179
IV	4.55	4.24	3.01	4.40	4.05^{d}	0.120
mean	4.53^{a}	4.24^{ab}	4.01^{b}	4.10^{b}		
± SE	0.109	0.166	0.098	0.153		
	(g/h/d)					
I	23.86	26.16	29.00	9.21	22.06^{a}	1.224
II	14.53	21.00	18.28	26.94	20.19^{b}	0.789
III	32.57	12.38	16.71	15.46	19.28^{b}	1.266
IV	23.01	22.02	6.42	18.31	17.44^{c}	1.291
mean	23.49^{a}	20.39^{b}	17.60^{c}	17.48^{c}		
± SE	0.977	1.173	1.548	0.916		

a, b, c, d as médias com diferentes sobrescritos são significativas (P<0,05)

6. Caseína do leite

Os dados da Tabela (19) e da Fig. (26) mostram que houve diferenças significativas (P<0,05) entre os grupos na porcentagem de caseína do leite, sendo 2,50, 2,60, 2,53 e 2,12 % para C, R1, R2 e R3, respetivamente. Houve uma diminuição do teor de caseína do leite no R3 em comparação com os outros grupos.

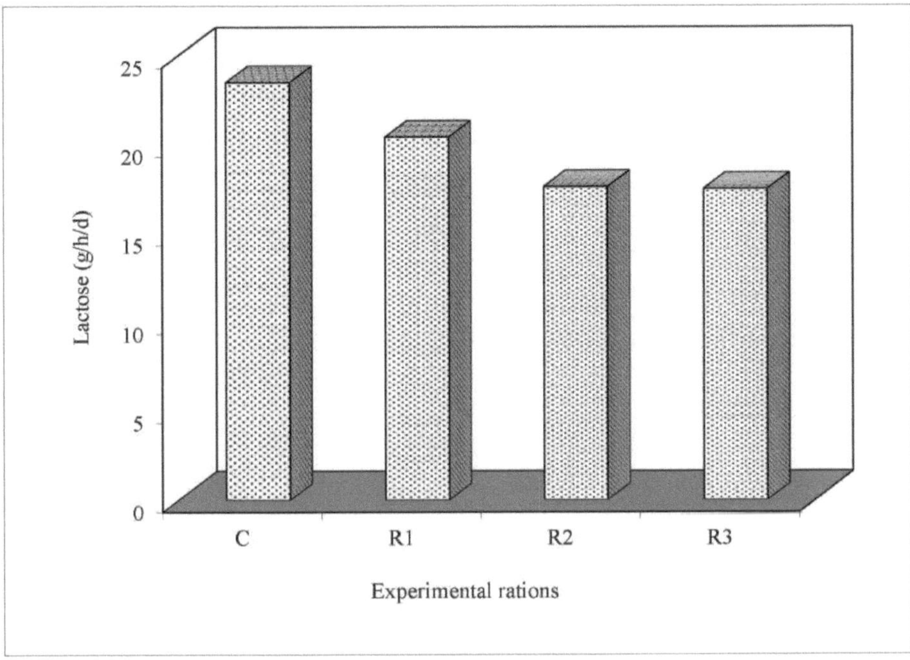

Fig. 25 . Efeito da alimentação experimental com rações na lactose do leite de cabras em lactação

Por outro lado, não houve diferenças significativas (P>0,05) entre o controlo e a R1, mas houve diferenças significativas (P<0,05) entre a R2 e a R3 na produção de caseína do leite, sendo 12,72, 12,30, 9,94 e 8,92 g/h/d para a C, R1, R2 e R3, respetivamente. Estes resultados podem ser devidos à maior produção de leite na ração de controlo do que na ração com SDRC. O aumento do nível de SDRC na ração diminuiu a produção de caseína no leite, como mostra a Tabela (19). Estas diminuições podem estar relacionadas com a redução da produção de leite com o aumento do nível de SDRC nas rações.

A percentagem mais elevada de caseína do leite (2,58%) foi observada no período IV de lactação e a mais baixa (2,21%) foi detectada no período I. As diferenças na percentagem de caseína do leite entre II e III não foram significativas (P>0,05), enquanto foram significativas entre I e IV.

Tabela 19. Efeito da alimentação experimental com rações na caseína do leite de cabras em lactação

periods	Experimental rations				mean	± SE
	C	R_1	R_2	R_3		
		(%)				
I	2.52	2.46	2.07	1.78	2.21^{c}	0.074
II	2.73	2.62	2.22	2.31	2.47^{b}	0.053
III	2.56	2.60	2.55	2.26	2.49^{b}	0.033
IV	2.20	2.72	3.27	2.14	2.58^{a}	0.098
Mean	2.50^{b}	2.60^{a}	2.53^{ab}	2.12^{c}		
± SE	0.046	0.045	0.099	0.050		
		(g/h/d)				
I	12.97	13.62	12.18	5.27	11.01^{a}	0.730
II	10.15	12.50	9.91	13.14	11.43^{a}	0.326
III	16.64	8.95	10.70	8.39	11.17^{a}	0.687
IV	11.13	14.14	6.98	8.90	10.29^{b}	0.572
Mean	12.72^{a}	12.30^{a}	9.94^{b}	8.92^{c}		
± SE	0.529	0.478	0.409	0.596		

a, b, c as médias com diferentes sobrescritos são significativas (P<0,05)

Houve um aumento gradual da caseína do leite com o avanço dos períodos de lactação. A maior produção de caseína do leite (11,43 g/h/d) foi registada no período II e a menor (10,29 g/h/d) foi registada no período IV. A diferença entre I, II e III não foi significativa (P>0,05), mas foi significativa (P<0,05) em comparação com o período IV.

7. Azoto não caseínico do leite (NCN)

Os dados da Tabela (20) e da Fig. (27) mostraram que não houve diferenças significativas (P>0,05) entre C, R1 e R3, mas foi

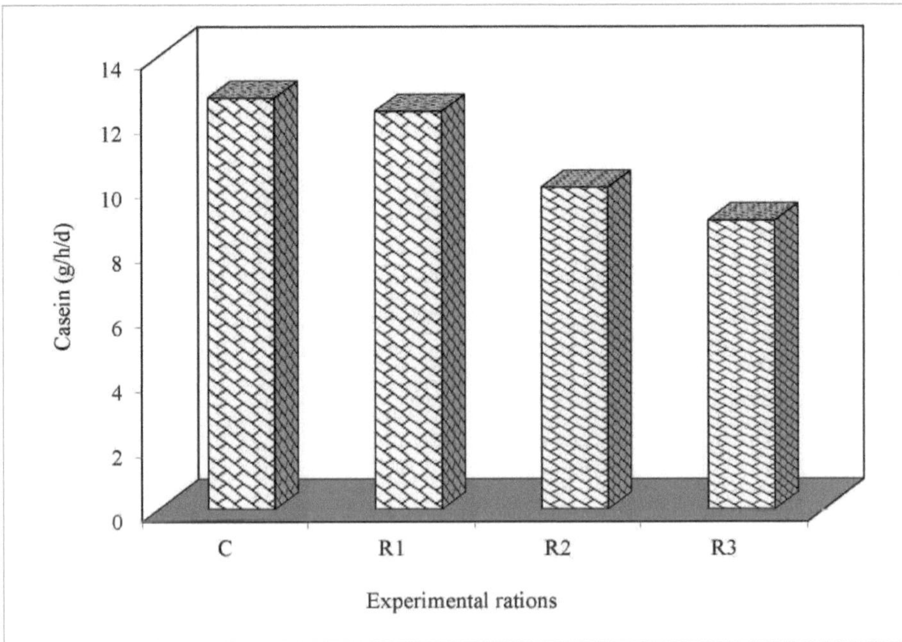

Fig. 26 . Efeito da alimentação experimental com rações na caseína do leite de cabras em lactação

significativo (P<0,05) em comparação com R2 na percentagem de NCN do leite, sendo 0,56, 0,54, 0,44 e 0,55 % para C, R1, R2 e R3, respetivamente. Houve uma diminuição no teor de caseína do leite no R2 em comparação com os outros grupos.

Por outro lado, houve diferenças significativas (P<0,05) entre o controlo e os outros grupos no NCN do leite (g/h/d), sendo 2,82, 2,51, 1,80 e 2,26 g/h/d para C, R1, R2 e R3, respetivamente. Este resultado pode ser devido à maior produção de leite na ração de controlo do que na ração com SDRC. O aumento do nível de SDRC na ração diminuiu a produção de caseína no leite, como mostra a Tabela (20). Esta diminuição pode estar relacionada com a redução da produção de leite com o aumento do nível de SDRC nas rações. A percentagem mais elevada de NCN do leite (0,54%) foi observada no III período de lactação e a mais baixa (0,50%) foi detectada no II período. As diferenças na percentagem de NCN do leite entre o III e o IV não foram significativas (P>0,05), enquanto foram significativas (P<0,05) entre o I e o II. O maior rendimento de NCN do leite (2,48 g/h/d) foi registado no período I e o menor (2,22 g/h/d) foi registado no período IV. A diferença entre I e III não foi significativa (P>0,05) mas estes períodos diferem significativamente (P<0,05) em comparação com os períodos II e IV.

Tabela 20. Efeito da alimentação com rações experimentais no azoto não caseico do leite de cabras em lactação

periods	Experimental rations				mean	± SE
	C	R_1	R_2	R_3		
		(%)				
I	0.56	0.48	0.48	0.52	0.51^{bc}	0.010
II	0.65	0.54	0.32	0.51	0.50^{c}	0.025
III	0.52	0.57	0.44	0.62	0.54^{a}	0.016
IV	0.51	0.55	0.51	0.55	0.53^{ab}	0.013
Mean	0.56^{a}	0.54^{a}	0.44^{b}	0.55^{a}		
± SE	0.015	0.009	0.0170	0.014		
		(g/h/d)				
I	2.91	2.66	2.81	1.54	2.48^{a}	0.120
II	2.40	2.57	1.44	2.89	2.33^{bc}	0.117
III	3.36	1.97	1.86	2.30	2.37^{ab}	0.128
IV	2.60	2.86	1.10	2.31	2.22^{c}	0.153
Mean	2.82^{a}	2.51^{b}	1.80^{d}	2.26^{c}		
± SE	0.094	0.0729	0.138	0.111		

a, b, c, d as médias com diferentes sobrescritos são significativas (P<0,05)

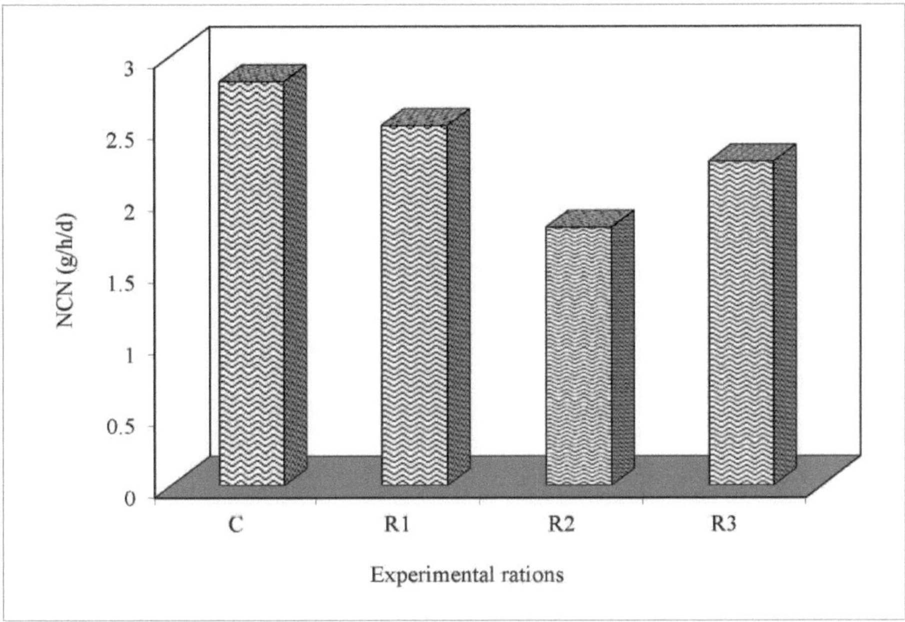

Fig. 27 . Efeito da alimentação com rações experimentais no NCN do leite de cabras em lactação

8. Cinzas de leite:

Os dados da Tabela (21) e da Fig. (28) mostram que não houve diferenças significativas (P>0,05) entre C, R1 e R3, mas houve diferenças significativas (P<0,05) em comparação com R2 na porcentagem de cinzas do leite, sendo 0,877, 0,866, 7,67 e 0,850 % para C, R1, R2 e R3, respetivamente. Houve uma diminuição no teor de caseína do leite no R2 em comparação com os outros grupos.

Por outro lado, houve diferenças significativas (P<0,05) entre o controlo e os outros grupos na produção de cinzas do leite, sendo 4,43, 4,07, 3,22 e 3,50 g/h/d para C, R1, R2 e R3, respetivamente. Este resultado pode ser devido à maior produção de leite na ração de controlo do que na ração com SDRC. O aumento do nível de SDRC na ração diminuiu a produção de cinzas do leite, como mostra a Tabela (21). Estas diminuições podem estar relacionadas com a redução da produção de leite com o aumento do nível de SDRC nas rações.

Tabela 21. Efeito da alimentação com rações experimentais nas cinzas do leite de cabras em lactação

periods	Experimental rations				mean	± SE
	C	R_1	R_2	R_3		
		(%)				
I	0.884	0.838	0.810	0.883	0.854	0.015
II	0.971	0.872	0.726	0.831	0.850	0.022
III	0.839	0.921	0.773	0.828	0.840	0.015
IV	0.816	0.831	0.759	0.856	0.815	0.022
Mean	0.877^a	0.866^a	0.767^b	0.850^a		
± SE	0.018	0.020	0.015	0.015		
		(g/h/d)				
I	4.55	4.65	4.76	2.62	4.14^a	0.194
II	3.61	4.16	3.24	4.72	3.93^{ab}	0.134
III	5.45	3.17	3.25	3.08	3.74^b	0.214
IV	4.13	4.32	1.62	3.56	3.41^c	0.242
mean	4.43^a	4.07^b	3.22^d	3.50^c		
± SE	0.156	0.146	0.238	0.176		

a, b, c, d as médias com diferentes sobrescritos são significativas (P<0,05)

A maior porcentagem de cinzas do leite (0,854%) foi observada no período I de lactação e a menor (0,815%) foi detectada no período IV. As diferenças na porcentagem de cinzas do leite entre todos os grupos não foram significativas (P>0,05). Houve uma diminuição gradual das cinzas do leite com o avanço dos períodos de lactação. A maior produção de cinzas do leite (4,14 g/h/d) foi registada no período I e a menor (3,41 g/h/d) foi registada no período IV. A diferença entre I e II não foi

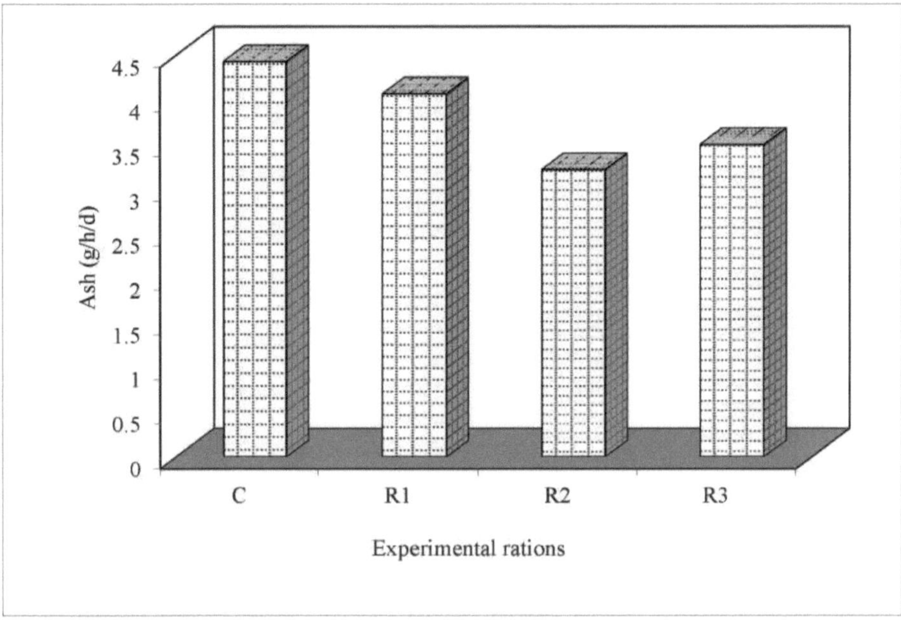

Fig. 28 . Efeito da alimentação experimental com rações na cinza do leite de cabras em lactação

significativo (P>0,05), mas estes períodos diferem significativamente (P<0,05) em comparação com os períodos III e IV. Estes resultados estão de acordo com Kholif (2008).

9. Acidez do leite

Os dados da Tabela (22) e da Fig. (29) mostram que não houve diferença significativa (P>0,05) na acidez do leite entre C, R1 e R2, mas foi significativa (P<0,05) em comparação com R3, sendo 0,146, 0,145, 0,144 e 0,125 para C, R1, R2 e R3, respetivamente. Houve uma diminuição gradual da acidez do leite com o aumento do SDRC nas rações.

A maior acidez do leite (0,150) foi observada no IV período de lactação e a menor (0,136) foi registada no I período. As diferenças na percentagem de acidez do leite entre os períodos I, II e III não foram significativas (P>0,05), mas foram significativas (P<0,05) em comparação com o período IV. Estes resultados estão de acordo com Kholif (2008).

Tabela 22. **Efeito da alimentação com rações experimentais na acidez do leite de cabras em lactação**

periods	Experimental rations				mean	± SE
	C	R_1	R_2	R_3		
I	0.147	0.118	0.147	0.130	0.136[b]	0.003
II	0.150	0.159	0.118	0.119	0.137[b]	0.004
III	0.130	0.155	0.145	0.123	0.138[b]	0.003
IV	0.157	0.148	0.167	0.125	0.150[a]	0.003
Mean	0.146[a]	0.145[a]	0.144[a]	0.125[b]		
± SE	0.003	0.002	0.004	0.001		

a, b, c as médias com diferentes sobrescritos são significativas (P<0,05)

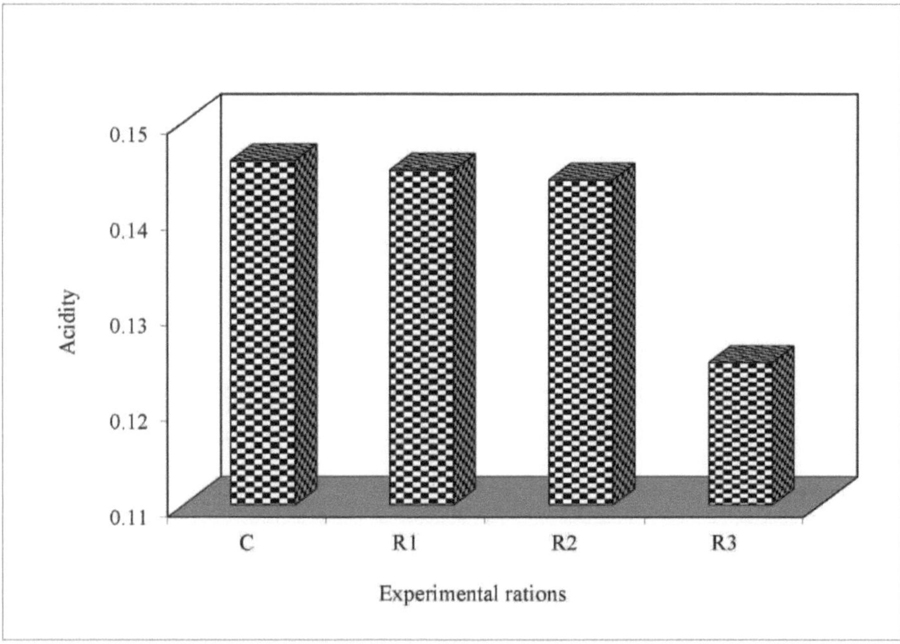

Fig. 29 . Efeito da alimentação com rações experimentais na acidez do leite de cabras em lactação

6. Efeito das rações experimentais na eficiência alimentar

Os dados da Tabela (23) e da Fig. (30) mostram que não houve diferença significativa (P>0,05) entre os grupos na eficiência alimentar (FCM/DMI). A melhor eficiência alimentar foi registada no R1, seguido do C, depois do R3 e do R2, com 0,441, 0,434, 0,414 e 0,412, respetivamente.

Os períodos de lactação não afectaram significativamente (P<0,05) a eficiência alimentar, mas registou-se uma diminuição gradual com o avanço dos períodos de lactação. Estes resultados estão de acordo com Kholif (2008).

Estes resultados significam que a substituição de 25% do feno de trevo por SDRC detectou uma maior eficiência alimentar em comparação com os outros grupos.

Tabela 23. Efeito da alimentação com rações experimentais na eficiência alimentar (CAF/DMI) de cabras em lactação

periods	Experimental rations				mean	± SE
	C	R_1	R_2	R_3		
I	0.427	0.439	0.541	0.354	0.440	0.030
II	0.366	0.429	0.381	0.555	0.433	0.033
III	0.530	0.366	0.423	0.345	0.416	0.031
IV	0.413	0.529	0.303	0.403	0.412	0.034
Mean	0.434	0.441	0.412	0.414		
± SE	0.028	0.028	0.036	0.037		

a, b, c, d as médias com diferentes sobrescritos são significativas (P<0,05)

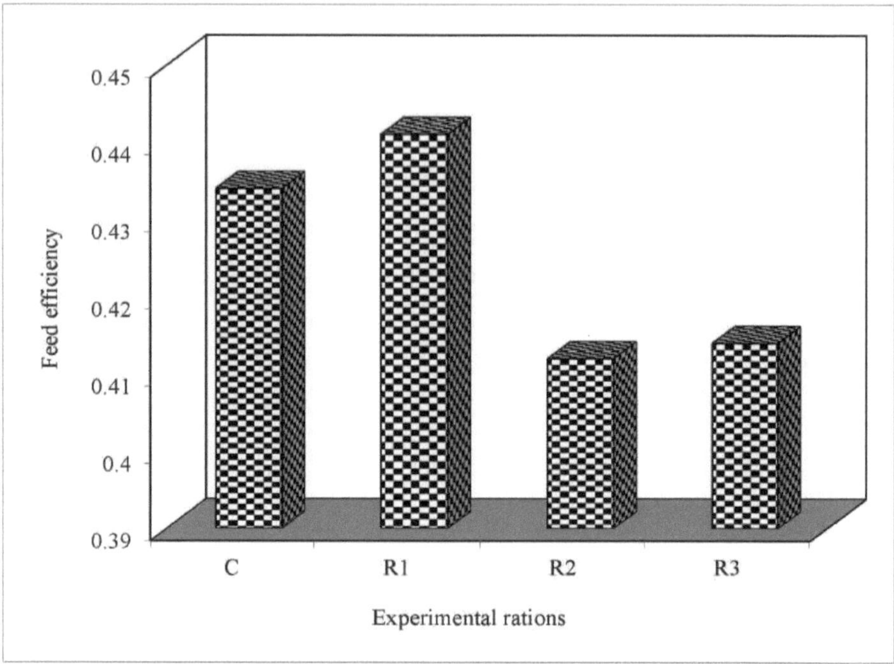

Fig. 30 . Efeito das rações experimentais na eficiência alimentar das cabras em lactação

7. Efeito da alimentação das rações experimentais na avaliação económica

Os dados do quadro (24) mostram que o custo da alimentação por 1 kg de leite diminuiu quando as cabras foram alimentadas com R3, R1 e R2, pela mesma ordem, em comparação com o controlo. Os dados indicam que a utilização de SDRC nas rações das cabras em lactação foi economicamente melhor do que a utilização de feno de trevo nas rações de controlo. A eficiência económica relativa foi de 100, 237,04, 117,51 e 265,42 para C, R1, R2 e R3, respetivamente.

De um modo geral, pode concluir-se dos presentes resultados que a utilização de SDRC nas rações pode melhorar o desempenho produtivo e económico das cabras em lactação, sem efeitos adversos significativos na saúde e na produtividade dos animais.

Quadro 24. Avaliação económica das rações experimentais

Item	Experimental rations			
	C	R_1	R_2	R_3
Feeding cost*				
CFM	1.034	1.012	1.008	1.006
CH	0.451	0.289	0.169	0.083
SDRC	——	0.011	0.019	0.028
Total cost, L.E./day	1.485	1.312	1.196	1.117
Milk yield g/h/d	510.39	473.76	416.79	413.07
Milk output, L.E.	1.531	1.421	1.250	1.239
Cost of produced 1Kg milk, L.E.	2.909	2.769	2.869	2.704
Return over feeding cost, L.E/day	0.046	0.109	0.054	0.122
Relative economic efficiency	100	237	118	265

* Com base nos preços de mercado no início da experiência, os preços eram os seguintes: CFM, 2000; CH, 900 e SDRC, 100 (L.E. / tonelada)

Capítulo 5

RESUMO

O presente estudo foi realizado numa exploração privada, pertencente ao Departamento de Ciência dos Lacticínios, Centro Nacional de Investigação, Dokki, Giza, Egito. O trabalho de campo da experiência teve início em junho de 2007 e durou dezasseis semanas.

O principal objetivo deste estudo foi determinar o efeito da incorporação de conteúdos ruminais secos ao sol (SDRC) em rações de cabras Baladi em lactação sobre a produção e composição do leite, coeficiente de digestão, valores nutricionais, alguns parâmetros ruminais e do soro sanguíneo.

Quatro cabras Baladi em lactação, com cerca de 2-3 anos de idade e um peso médio de 23,74 kg de peso vivo, foram distribuídas aleatoriamente por quatro grupos de alimentação, utilizando o método do quadrado latino 4x4, durante 16 semanas e quatro períodos, cada período de 28 dias:

1. Controlo: 50% de mistura de alimentos concentrados (CFM) e 50% de feno de trevo.
2. R1: 50% CFM, 37,5% feno de trevo e 12,5% (SDRC).
3. R2: 50% CFM, 25% feno de trevo e 25% SDRC.
4. R3: 50% de CFM, 12,5% de feno de trevo e 37,5% de SDRC.

Foi estudado o efeito das rações experimentais sobre o consumo de alimentos, a digestão, alguns parâmetros ruminais e sanguíneos e a eficiência da produção de leite.

Os resultados obtidos com este estudo podem ser resumidos da seguinte forma

1. Consumo de ração, digestibilidade e valores de alimentação

a. A ingestão de matéria seca (DMI) diminuiu gradualmente com a adição de SDRC nas rações de cabras Baladi em lactação, sendo de 1018, 934, 880 e 871 g/h/dia para C, R1, R 2 e R3, respetivamente.

b. As digestibilidades dos nutrientes para o R1 que contém 12,5% de SDRC melhoraram as digestibilidades da MS, OM, CF e EE em comparação com o controlo e outros grupos.

c. Não houve diferença significativa (P>0,05) no valor nutritivo como TDN ou DCP entre os grupos, exceto uma diminuição significativa (P<0,05) no TDN para R3, sendo 55,69, 55,77, 54,45 e 51,89 % para TDN e 8,88, 8,68, 8,82 e 8,70 % para DCP para C, R1, R2 e R3, respetivamente.

d. O peso do corpo vivo não foi afetado pela alimentação com as rações experimentais, sendo de 23,74, 23,75, 23,73 e 23,72 kg para C, R1, R2 e R3, respetivamente.

2. Parâmetros ruminais

a. O fluido ruminal dos animais alimentados com rações que continham SDRC apresentava valores mais baixos de ácidos gordos voláteis totais (AGVT), azoto amoniacal (NH3-N), azoto proteico total (NPT), azoto proteico verdadeiro (NMP verdadeiro) e azoto não proteico (NNP) em comparação com o controlo.

b. O pH ruminal foi ligeiramente mais elevado nas rações que continham SDRC do que nas rações de controlo. Todos os parâmetros ruminais de todos os grupos estão dentro dos limites normais.

3. Parâmetros do soro sanguíneo

a. O soro sanguíneo dos animais alimentados com rações que continham SDRC apresentava valores inferiores de proteínas totais (PT), albumina, globulina e glucose em comparação com o controlo, mas os valores estavam dentro da gama normal.

b. O colesterol no soro sanguíneo, a relação A/G, o azoto ureico e a creatinina não apresentaram diferenças significativas (P>0,05) entre o grupo de controlo e os outros grupos, mas todos os valores se encontravam dentro dos limites normais.

c. Não foram detectadas diferenças significativas (P>0,05) entre R2, R3 e C no soro sanguíneo AST, sendo 12,88, 11,63 e 14,00U/dl respetivamente, exceto R1, sendo 20,38U/dl. Enquanto houve diferenças significativas (P<0,05) entre os grupos no soro sanguíneo de ALT, sendo 18,25, 20,25, 14,25 e 16,25 U/dl para C, R1, R2 e R3, respetivamente, mas os valores estavam dentro da faixa normal.

4. Produção e composição do leite

a. A produção de leite e a produção de leite corrigida para a gordura (4%FCM) diminuíram gradualmente com o aumento do nível de SDRC nas rações das cabras em lactação, sendo 510,39, 473,76, 416,79 e 413,07 kg para a produção de leite e 442,47, 411,70, 362,44 e 360,57 kg para 4%FCM para C, R1, R2 e R3, respetivamente. Não houve diferenças significativas (P>0,05) entre R2 e R3 em comparação com os outros grupos.

b. A percentagem de lactose diminuiu gradualmente com o aumento do nível de SDRC na ração, em comparação com o controlo. As médias gerais foram de 4,53, 4,24, 4,01 e 4,10% para C, R1, R2 e R3, respetivamente. Não houve diferença significativa (P>0,05) entre R2 e R3 em comparação com o controlo e R1.

c. A percentagem de sólidos totais do leite aumentou gradualmente com o aumento do nível de SDRC nas rações. As médias gerais foram de 11,57, 11,67, 11,85 e 11,87% para C, R1, R2 e R3, respetivamente, e não houve diferença significativa (P>0,05) entre todos os grupos.

d. A percentagem de gordura do leite não foi afetada por R1 e R2 em comparação com o controlo, exceto R3 que teve um valor mais elevado. As médias gerais foram 3,19, 3,21, 3,50 e 3,24 % para C, R1, R2 e R3, respetivamente.

e. A percentagem de sólidos sem gordura do leite não foi significativamente afetada (P>0,05) por R1, R2 e R3 em comparação com o controlo. As médias gerais foram 8,38, 8,46, 8,36 e 8,63 % para C, R1, R2 e R3, respetivamente.

f. A percentagem de proteínas do leite diminuiu significativamente (P<0,05) em R2 e R3, ao passo que aumentou significativamente (P>0,05) em R1 em relação ao controlo. As médias gerais foram de 3,06, 3,13, 2,97 e 2,67 % para C, R1, R2 e R3, respetivamente.

g. A percentagem de cinzas do leite foi afetada de forma insignificante (P>0,05) por C, R1 e R3 em comparação com R2, que registou o valor mais baixo. As médias gerais foram 0,877, 0,866, 0,767 e 0,850 % para C, R1, R2 e R3, respetivamente.

h. A percentagem de azoto não caseínico (NCN) foi insignificantemente (P>0,05) afetada por C, R1 e R3 em comparação com R2, que teve o valor mais baixo. A média geral foi de 0,56, 0,54, 0,44 e 0,55 % para C, R1, R2 e R3, respetivamente.

i. A percentagem de azoto da caseína foi significativamente diferente (P<0,05) entre todas as rações experimentais. Foi mais elevada na R1 (2,50%), seguida da R2 (2,53%), depois da C (2,50%) e da R3 (2,12%).

j. A acidez diminuiu gradualmente com o aumento do nível de SDRC nas rações em comparação com o controlo, mas houve uma diferença insignificante (P>0,05) entre C, R1 e R2 em comparação com R3. As médias globais foram de 0,146, 0,145, 0,144 e 0,125 % para C, R1, R2 e R3, respetivamente.

5. Eficiência alimentar

a. A eficiência alimentar, expressa em FCM/DMI, das cabras alimentadas com a ração R1 registou o melhor valor em comparação com R2 e R3, que registaram o pior valor em comparação com o controlo.

b. A eficiência económica relativa mais baixa foi detectada nas rações C e R2 (100 e 118, respetivamente) e a eficiência mais elevada nas rações R3 e R1 (265 e 237, respetivamente).

REFERÊNCIAS

Abou El-Wafa, S. A. (1993). Influência de Preparações Enzimáticas e Promotores de Crescimento no Desempenho de Frangos de Corte. Tese de doutoramento, Fac. Agric., Cairo, Univ., Egito.145 pp.

Abouheif, M. A; Kraidees, M. S. e Al Selbood, B. A. (1999). A utilização de farinha de cevada com conteúdo ruminal em dietas de cordeiros em crescimento. Asian Australasian Journal of Animal Sciences, 12 (8): 1234-1240.

Adeniji, A. A. (2008). Valor de substituição da enzima do milho suplementada com conteúdo decomposto do rúmen bovino nas dietas de coelhos desmamados. Asian Journal of Animal and Veterinary Advances, 3 (2): 104-108.

Antongiovanni, M.; Giorgetti, A. e Poli, B. M. (1973). Nutritive value of dried rumen contents. Alimentazione, Animal-Italian, 17 (4): 47-54. Citado de Nut. Abst. e Rev., (1974). 44 (10): 6751.

Ashaffenburg, R. e Drewry, I. (1959). Novo procedimento para a determinação de rotina dos vários azoto não-caseína do leite. Int. Dairy Gongr., 3:1631.

A.O.A.C. (1995). Métodos Oficiais de Análise. Associação dos Químicos Analíticos. 16th ed. Washington, D.C., EUA.

Baraghit, G. A.; Ahmed, B. M.; Shehata, A. F. e Taie, H.T. (1995). Efeito da ingestão de trevo por ovinos e caprinos na cinética da digestão. Proc.5th. Conf. Sci. Nutrição Animal. 1: 153. Ismailia, Egito.

Barnett, A. J. e Abd El-Tawab, G. (1957). Determinação da lactose no leite e no queijo. J. Sci. Food Agric., 8: 437.

Bartles H.; Bohmer, M. e Heirli, C. (1972). Método cinético colorimétrico da creatinina. Clin. Chem. Ata, p 37-193.

Belewu, M. A.; Joseph, J. K. e Abubakar, I. T. (2000). Valor de substituição da farinha de conteúdo de rúmen bovino seco por casca de arroz na dieta de cabras em crescimento. Journal of Sustainable Agriculture and the Environment, 2(1):

108-112

Bender, J. B; Sreevatsan, S.; Robinson, R. A. e Otterby, D. (1997). Subprodutos animais contaminados com *Salmonella* nas dietas de vacas leiteiras em lactação. J. Dairy Sci., 80: 3064-3067

Bikash, R; Biswas, S. e Ghosh, T. K. (1994). Effect of feeding urea-molasses rumen content silage on nutrient utilization in goats. Indian J. Anim. Nut., 11(1):35-38

British Standard Institution (1951). Método Gerber para a determinação da gordura no leite e nos produtos lácteos. Pub. No. 696 Part 2, p 267-275.

Burnett, G. W. e Schuster, G. S. (1973). Pathogenic Microbiology. Mosby Company, Saint Louis, EUA, 292 pp

Burrin, D.G. e Britton, R.A. (1986). Response to monensin in cattle during sub acidosis. J. Anim. Sci., 63: 888.

Church, D.C (1971). Digestive physiology and nutrition of ruminants, 1:143-280 Corvallis, Oregon. U.S.A.

Coenen, M; Meyer, H. e Ebers, A. (1984). A utilização do conteúdo ruminal de bovinos abatidos como alimento para animais. 2. Conteúdo ruminal conservado com ureia na dieta de bovinos. Berliner e Munchener-tierarzt: woch-enschrift, 97: 5-155. Citado de Singer (2002).

Doumas, B.; Wabson, W. e Biggs H. (1971). Padrões de albumina e medição do soro com verde de bromocresol. Clin. Chem. Ata, 31: 87.

Duncan, D. B. (1955). Multiple range and multiple F tests. Biometria, 11:1.

Ebers, A. (1981). Estudos sobre a conservação e o valor alimentar do untersuchunyen. Zu. Konservieruny conffutter wert gepvessten Panscninch altsvon. Schlachtrindem. Alemão, 72 pp. Citado de Khattab *et al.*, (1996).

El-Ansary, E.; El-Deek, A. A.; Asar, M. A. e Ishak, N. S. (1983). A influência dos conteúdos ruminais secos ao sol em dietas de coelhos e patinhos na glicose sanguínea e no glicogénio hepático. J. Rea., Tanta Univ., 9: 38-44.

El-Ashry, M. A. (2007). Animal recourses in the frame of the Egyptian agriculture development. Horizontes do desenvolvimento dos recursos animais - ruminantes. Ministério da Agricultura. Centro de Investigação Agrícola, Giza, Egito. (Em árabe). p37-42

El-Deek, A. A.; Abou-Akkada, A. R.; Khalid A. A. e EL-Shazly, K. (1975). A utilização de conteúdos ruminais secos na nutrição de aves de capoeira. Alex. J. Agric.Res., 23: 35-58.

El-Tahan, A. A. H. (1991). O Valor Nutritivo do Conteúdo Ruminal em Rações de Ovinos. Tese de Mestrado, Fac. Agric., Zagazig Univ. Egito, 138 pp.

El-Tahan, A. A. H. (1996). Estudos Nutricionais sobre a Utilização de Conteúdos Ruminais na Alimentação Animal. Tese de Doutoramento, Fac. Agric., Zagazig Univ. Egito, 156 pp.

EL-Yassin, F. A.; Fontenot, J. P. e Chester, H. (1991). Caraterísticas de fermentação e valor nutricional do conteúdo ruminal e do sangue ensilado com palha de trigo não tratada ou tratada com hidróxido de sódio. J. Animal Sci., 69:17511759.

Emmanuel, B. (1978). Efeito do conteúdo ruminal ou das suas fracções no desempenho dos frangos de carne. British Poultry Science, 19 (1): 13-16

Esonu B. O.; Ogbonna, U. D.; Anyanwu, G. A.; Emenalom, O. O.; Uchegbu, M. C.; Etuk, E. B. e Udedibie, A. B. I. (2006). Avaliação do desempenho, caraterísticas dos órgãos e análise económica de frangos de carne alimentados com digesta ruminal seca. International Journal of Poultry Sciences, 5 (12): 1116-1118.

Flegg, H. M. (1973). Método colorimétrico do colesterol. Ann. Clin. Biochem 10: 79.

Fontenot, J. P. e Webb, K.E. (1975). Aspectos sanitários da reciclagem de resíduos animais através da alimentação. J. Anim. Sci. 40:1297.

Forbes, R. M. e Garrigus, W. P. (1948). Aplicação de uma técnica de rácio de lenhina para a determinação da ingestão de nutrientes de animais em pastoreio. J. Anim. Sci., 7: 373382.

Gabr, A. A. (1992). Avaliação nutricional do conteúdo seco do rúmen e do estômago versus feno de berseem em dietas de ovinos. J. Agric. Sci., Mansoura Univ., 17 (5): 949 - 958.

Gaines, W. L. (1927). The energy basis of measuring milk yields. J. Anim. Sci., 3336.

Gallups, W. D.; Hobbs, C. S. e Briggs, H. M. (1945). The use of silica as a reference substance in digestion trials with ruminants. J. Anim. Sci., 4: 68-71.

Giacomini, D. G.; Clark, J. H. e Vicini, J. L. (1985). Efeito da sequência de alimentação na fermentação ruminal, produção e composição do leite. J. Dairy Sci., 68 (suppl. 1):1342.

Gupta, P; Krishno, N. e Rao, M. N. (1992). Ensilagem e avaliação nutricional de conteúdos ruminais de bovinos (BRC) fortificados com diferentes fontes de azoto. Indian J. Anim. Sci., 62: 876-879.

Harrop, C. J. F. (1973). Nitrogen metabolism in the bovine stomach 2-factors influencing ruminal ammonia levels in sheep maintained, on different diets. J. Agric. Sci., 82: 409-417.

Henry, J. B.; Todd; Sanford e Davidson (1974). Clinical Diagnosis and Measurement by Laboratory methods, 16th ed., W. B. Saunders and Co., Philadelphia PA. p 260.

Hume, I. D.; Moir, R. J. e Somers, M. (1970). Síntese de proteínas microbianas em o rúmen. 1. Influência do nível de ingestão de azoto. Aust. J. Agri. Res., 21: 283.

Hungate, R. E. (1966). The rumen and its microbes. Nova Iorque e Londres: Academic pres, p 635-684.

Kamphues, J. (1980). Possibilidades e limites da reciclagem do conteúdo ruminal de bovinos abatidos para a alimentação animal. Ubersichten zu rtier Ernahrung 9 (3): 259292. Citado de El-Tahan (1996).

Khaled, N. F. (1995). Resposta de Ovinos à Alimentação com Diferentes Níveis de Conteúdo Ruminal Seco. Tese de Mestrado, Fac. Vet., Cairo Univ., Eygpt, 124 pp.

Khattab, H. M; Abdel-Mawla, S. M. e Singer, A. M. (1996). Avaliação nutricional do conteúdo ruminal como resíduo de matadouro em rações para ovinos. Egyptian J. Anim. Prod., 33 (suppl. Issue), Nov., p 173-186.

Khattab, H. M.; El-Kousy, H. A.; Abdelmawla, S. M. e Salama, A. M. A. (2006). Efeitos do conteúdo ruminal seco ao sol e da lasalocida nas rações de vitelos frísios sobre os traços de desempenho, parâmetros ruminais e sanguíneos e caraterísticas da carcaça. Egyptian J. Nutrition and Feeds, 9 (1): 15 - 31

Kholif S. M. (2001). Efeito de tratamentos biológicos de forragens grosseiras de baixa qualidade na produção e composição do leite. Tese de Doutoramento, Fac. Agric., Ain Shams Univ., Egito, 191 pp.

Kholif, A.E. (2008). Uso da biotecnologia para melhorar a utilização do conteúdo ruminal na ração de ruminantes. Tese de Mestrado, Fac. Agric., Ain-Shams Univ., Egito, 147 pp.

Krutyporokh, F.; Shcherbina, A. e Kuchma, G (1977). Meal of rumen contents as available feed. Svinovodstvo, Moscovo, URSS No. 1:18. Citado de Nutr. Abst. E Rev. (1979), 47(7): 3805.

Manual de Laboratório (1949). Método de análise do leite e dos seus produtos. Milk Industry Function, Washington, SD. C.

Larsen, K. (1972). Método cinético colorimétrico da creatinina Clin. Chem. Ata 41, 209.

Laukova, A. (1995). Caraterísticas dos estreptococos e enterococos isolados do rúmen de muflões e bisontes europeus. Asian Australaian J. Anim. Sci., 8(1):37-41.

Ling, E. R. (1963). Text Book of Dairy Chemistry" Vol. II. Practical Chapman and Hall, L.T.D., Londres. 3rd ed. 140 pp.

Mann, I. (1984). Eficiência do Conteúdo Ruminal e do Sangue de Bezerros Búfalos com Alto Teor de Proteína. Tese de Doutoramento, Fac. Agric., Ain Shams Univ., 137 pp.

Mardi, T. (1994). Análise de proteínas do rúmen de alimentos para animais da

Malásia. Instituto de Investigação e Desenvolvimento Research and Development Institute MARDI, tedang, Selangor p. 25-57.

Mathison, G.W. e Milligan, L.P. (1971). Nitrogen metabolism in sheep (Metabolismo do azoto nos ovinos). Br. J. Nutr., 25: 351.

Mattila, T; Frost, A. J. e Boyle, D. O (1988). The growth of *Salmonella* in rumen fluid from cattle at slaughter. Epidemiology and Infection, 101(2): 337-345.

Maxine, M. B. (1984). Outline of veterinary clinical pathology. 4th ed., The Iowa State Univ. Press, Iowa, EUA.

Meyer, H.; Amtsberg, G.; Burger, H. J.; Coenen, M. e Frey, H. R. (1984). Utilização do conteúdo ruminal de gado abatido como alimento. 1. Conservação do conteúdo ruminal parcialmente desidratado com ureia e composição do produto. Berliner und Munchener Tierarztliche Wochenschrift, 97(4):123-130. Citado de Kholif (2008).

McCaskey, T. A; Das, A. M.; Sandhu, K. S.; George, M. C. e Stephenson, A. H. (1996). Microbial safety of ensiled rumen contents as animal feed with reference to survivability of experimentally inoculated pathogens. Indian Veterinary J., 73 (5): 491- 495.

Moon, F. E. e Varley, N. (1942). A utilização do conteúdo ruminal como forragem para animais. Nut. Abs. and Rev., 12: 505.

Mori, B.; Paci, G. e Bagliacca, M. (1989). Conteúdo ruminal na alimentação de patos almiscarados. Poult. Abs., 15:1554.

Odunsi, A. A. (2003). Mistura de sangue bovino e digesta ruminal como substituto da farinha de peixe e do bolo de amendoim em dietas para poedeiras. International J. Poultry Sci., 2 (1): 58-61.

Patel, B. M. e Allen, N. N. (1952). Some chemical and nutritional prosperities of the rumen contents of dairy cows. J. Dairy Sci., 32: 506

Patra, U. K. e Ghosh, T. K. (1991). Nutritive value of dry rumen contents and utilization and effect of their feeding on growth performance in Black Bengal goats. Indian Journal of Animal Sciences, 61(3): 328-331.

Reddy, M. R. e Reddy, K. V. S. (1980). A short note on the proximate composition of rumen digesta from bovine and ovine species and its utilization as component of livestock feed. Indian Vet. J., 57: 429-431.

Reddy, M. R. e Reddy, K. V. S. (1989). Nutritive value of rice straw (*Oryza sativa*) ensiled with animal excreta and rumen digesta. Anim. Feed Sci. and Technol., 24(2): 69-81.

Reitman, S. e Frankel, S. (1957). Método colorimétrico para a determinação da transaminase sérica glutâmico-oxaloacética e glutâmico-pirovato. An. J. Clin. Path, 28: 56.

Ristic, M. e Kormanjos, S. (1989). Caraterísticas de uma farinha de conteúdo ruminal de bovinos como alimento para animais. Tehnologija Mesa, 30(2): 69-73.

SAS (1998). Statistical Analysis System. Guia do utilizador do SAS - Estatística. SAS Institute Inc. Editores, Cary, NC.

Shaban, S. A. M. (1991). A utilização de estrume de aves de capoeira, estrume de vaca e conteúdo ruminal como alimento para coelhos Tese de Mestrado em Ciências Fac. Agric., Cairo Univ., Egito.142pp

Shebata, M. A; Allen, N. K. e Goodrich, R. D. (1983). Avaliação do licor ruminal seco como ingrediente alimentar para aves de capoeira. Arch. Gefliigelk, 48 (3): 89-92. Citado de Singer (2002)

Siest, G.; Henny, J. e Schiele, F. (1981). Inter pretation des examens de laboratoire. Karger ed. p206.

Singer, A. M. (2002). Alguns estudos nutricionais da utilização de conteúdos ruminais como ingredientes não convencionais de rações para ruminantes. Tese de Doutoramento, Fac. of Agric, Ain-Shams Univ., Egito, 121 pp.

Taie, H.T., (1993). Digestibilidade e fermentação ruminal afectadas por espigas de milho tratadas com ureia em comparação com feno de berseem em ovelhas fistuladas. Minofiya J. Agri. Res., 14: 239.

Titus, H. W. e Fritz, I. C. (1971). Scientific feeding of chickens (Alimentação científica de frangos). Danville the interest printers and publisher. p 53-56

Tizzoni (1964). Valor alimentar do conteúdo ruminal. Nutrition Abstract and Reviews, 34: 677.

Wafa A. Eleraky, (1991). Efeito da adição de conteúdos ruminais secos à ração de coelho no desempenho de crescimento e no rendimento de carcaça. Zagazig Vet. J., 19: 299-307.

Walker, R. A. e Nader, C. J (1970). Rumen microbial protein synthesis in relation to energy supply: durinal variation. Asut. J. Anal., 1: 747.

Warner A. C. J. (1964). Produção de ácidos gordos voláteis no rúmen: Métodos de medição. Nutr. Abst. And Rev., 34: 339.

Weichselbaum T. E. (1946). Método colorimétrico de proteínas totais. Am. J. Clin. Pathol. 7:40.

Werner, G. e Bergen (1979). Factores que afectam os rendimentos de crescimento dos microrganismos no rúmen. Tropical Animal Production, 4:13-20.

Whittemore, C. T. e Moffat, I. W. (1976). A digestibilidade de células microbianas secas cultivadas em metanol em dietas para suínos em crescimento. J. Agric. Sci., 86: 407-410.

Will, L. A.; Disch, S. L. e Pomeroy, B. S. (1973). Survival of *Salmonella typhimurium* in animal manure disposal in model oxidation ditch. Amer. J. Publ. Health, 63: 322.

Yildiz, G.; Muglali, O. H. e Dikicioglu, T. (1995). Usos do conteúdo ruminal em dietas para cordeiros. Lalahan Hayvancilik Arastirma Enstitusu Dergisi, 35(34): 71-91.

MIX
Papier aus verantwortungsvollen Quellen
Paper from responsible sources
FSC® C105338

Printed by Books on Demand GmbH, Norderstedt / Germany